女性記者が見る
基地・沖縄

屈しない沖縄の「心」を見つめて

琉球新報記者
島 洋子

高文研

※——もくじ

写真提供：琉球新報社／目崎茂和
沖縄観光コンベンションビューロー

装丁＝商業デザインセンター・増田　絵里

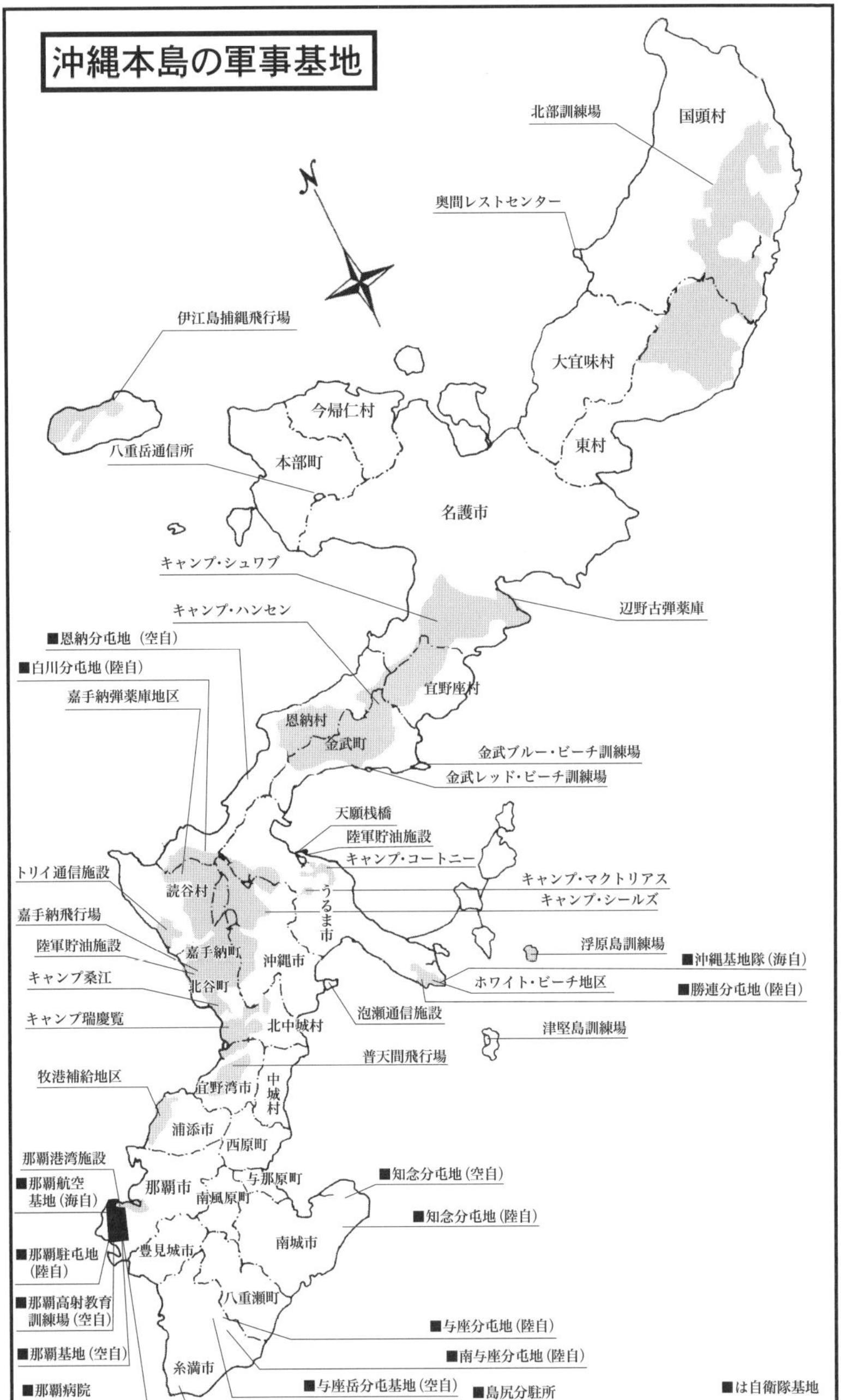
沖縄本島の軍事基地
北部訓練場
国頭村
奥間レストセンター
伊江島補縄飛行場
大宜味村
今帰仁村
八重岳通信所
本部町
東村
名護市
キャンプ・シュワブ
辺野古弾薬庫
キャンプ・ハンセン
■恩納分屯地（空自）
■白川分屯地(陸自)
嘉手納弾薬庫地区
宜野座村
恩納村
金武町
金武ブルー・ビーチ訓練場
金武レッド・ビーチ訓練場
天願桟橋
陸軍貯油施設
キャンプ・コートニー
トリイ通信施設
読谷村
キャンプ・マクトリアス
うるま市
キャンプ・シールズ
嘉手納飛行場
陸軍貯油施設
嘉手納町
沖縄市
浮原島訓練場
■沖縄基地隊(海自)
キャンプ桑江
北谷町
ホワイト・ビーチ地区
■勝連分屯地(陸自)
泡瀬通信施設
キャンプ瑞慶覧
北中城村
津堅島訓練場
普天間飛行場
牧港補給地区
宜野湾市
中城村
浦添市
西原町
那覇港湾施設
■那覇航空基地(海自)
那覇市
与那原町
■知念分屯地(空自)
南風原町
■知念分屯地(陸自)
南城市
■那覇駐屯地(陸自)
豊見城市
■那覇高射教育訓練場(空自)
八重瀬町
■与座分屯地(陸自)
■那覇基地(空自)
■南与座分屯地(陸自)
糸満市
■那覇病院
■与座岳分屯基地(空自)
■島尻分駐所
■は自衛隊基地

はじめに

私が生まれ育ったのは、沖縄県中部の小さな村。後にコザ市と合併する美里《みさと》村です。コザ市（現沖縄市）というと聞き覚えがある方もいらっしゃるでしょう。米軍嘉手納基地のメーンゲートに面し、米兵相手の繁華街があります。沖縄が日本に復帰する2年前に「コザ騒動」と呼ばれる、米軍に対する市民の抗議活動がありました。

私の家は基地の街とは離れていましたが、米兵の家族が多く住む住宅街でした。ほとんどが米兵と沖縄女性のカップルだったように記憶しています。基地内に住む米兵も多いのですが、沖縄の女性にとっては、米国人ばかりの基地内のコミュニティーは住みにくかったのかもしれません。

というわけで、私の遊び相手はお父さんは米国人、お母さんは沖縄人で、本人はスクールバスで基地内の学校に通っている子たちでした。

とりわけ隣に住んでいた4歳年上のおねえちゃんにはよく遊んでもらいました。彼女の衣装を借りてハロウィーンに米国人の家を回ってお菓子を手に入れていました。当時、ハロウィーンは今のように一般的な行事ではなかったので、ちょっと得意だったのを覚えています。

1960年代後半、米国はベトナム戦争の敗色が濃くなり、基地の街は荒んでいました。子どもには知るよしもなかったのですが、コザの街ではベトナム帰還兵によるレイプや強盗、ホステス殺しが頻発していました。

戦場という極限状態を経験した兵士たちが暴力の矛先を向けたのは沖縄の人たち、特に女性でした。

そんな中で1970年12月、コザ騒動が起きます。米兵の運転する車両の人身事故をめぐるMP（米軍憲兵）の処置に反発し、群衆が米軍関係の車両82台を焼き払った事件でした。事件の直前、米兵が交通事故で沖縄の人をひき殺しても無罪になる、ホステス殺しの犯人が逮捕もされず米国へ逃亡するなどの事案があり、差別、圧政に沖縄の人の怒りが爆発したのです。

まだ幼かった私は、そのような事件のことは全く知らなかったのですが、なにか世替わりのざわついた社会情勢は感じていたように思います。しかし周りの米国人の家族はみな優しく、ゆとりがあって、落ち着いた人たちでした。

今に至るまで、私は米国人には悪い感情は持っていません。ただ、米軍という軍隊の存在には反対です。

1972年に沖縄が日本に復帰し、73年には米国がベトナムから撤退します。5歳だった私は、復帰と前後して周りの友だちがどんどん米国に帰り、寂しい思いをしました。

中学校、高校と平凡な青春を過ごした私は、地元の琉球大学に進学しました。子どものころから父親とテレビのニュース番組を見て話しをする中で、報道の仕事に興味があったので、広報学専攻のある琉球大学を選んだのです。

そこでの出会いが、結果として私を新聞記者にしました。

ゼミの主任教授は後に沖縄県知事になる、大田昌秀先生でした。2年生でゼミに入って最初の課題は、大学図書館にある本から沖縄戦で亡くなった人を抜き出して数えるというものでした。「なんじゃそりゃ」と、最初は思いました。

しかし図書館で沖縄県史から市町村史、自治体のまとめた体験者の聞き取り集、個人で出した体験記などをあさっているうちに、資料の探し方、扱い方を学んだような気がします。

そして、過去の出来事だと思っていた沖縄戦が、まだまだ全体の死者数ですら確認されていないこと、解明されていないことも多くあることを知りました。大田先生は沖縄戦で学徒兵である鉄血勤皇隊《てっけつきんのうたい》として動員され、沖縄戦のむごさ、悲惨さを身をもって体験しています。

大田先生の、平和を希求する姿は教え子の道しるべでした。大田先生は県知事になってから、沖縄戦最後の激戦地・糸満市摩文仁《まぶに》に「平和の礎《いしじ》」を建てます。敵味方関係なく、沖縄戦で亡くなった全ての人の名前を石碑に刻むという発想は、二度と戦争を起こしてはならないという強い思いの現れです。

また宮城悦二郎助教授（当時）からは、物事の本質を見る目を教えられました。

ある日のゼミで学生が、「戦前も高等教育機関がなかった沖縄に、大学をつくったのは米軍だ。米軍も悪いことばかりしているわけではない、良いこともしている」と発言しました。

沖縄には戦前、大学はなく、進学したければ東京や大阪に出なければなりませんでした。琉球大学は米軍施政権下で沖縄を統治した米国民政府によってつくられました。

宮城先生は一言、「米軍は大学をつくるために沖縄に来たんじゃないよ」。

私たちははっとしました。

「米軍は住民サービスとして大学をつくった。でもそれは基地を維持し沖縄を安定して統治するための手段であった。目的と手段を見誤るな」

そういうメッセージを宮城先生の言葉に学びました。

このおふたりの教えが、のんきに学生生活を送っていた私を、新聞記者という仕事に向かわせたのです。

1991年に琉球新報社に入社して、記者生活を始めて25年。記者として私が見てきたこと、聞いてきたこと、考えてきたことの一端を、ここにお伝えしたいと思います。

島　洋子

Ⅰ章

続発する米軍関係者の事件・事故への怒り

【沖縄点描】

沖縄の守り神・シーサー。中村家住宅（©ＯＣＶＢ）

1　基地と女性への暴力

米軍属女性暴行殺人事件に抗議する「元海兵隊員による残虐な蛮行を糾弾！　被害者を追悼し、沖縄から海兵隊の撤退を求める県民大会」（主催・辺野古新基地を造らせないオール沖縄会議）が、２０１６年６月19日の午後、那覇市で開かれた。強い日差しが照りつける中、6万5千人（主催者発表）が結集した。

何度このような県民大会を開けばいいのだろうか？　何でこのような原稿を書かなければならないのだろうという思いにかられながら、6月19日付けの琉球新報1面に、私は「特別評論」を執筆した。

まず、目を澄ませて読んでいただきたい。

【特別評論】

「戦世」断ち尊厳守れ――被害生む「沈黙の構造」

「きょう、パスタでもいい？」。事件発生直前、女性は無料通信アプリ・ＬＩＮＥ（ライン）

で婚約者の男性にメッセージを送った。そんな幸せな日常と地続きに、暴力性を宿す軍隊と基地がある。それが沖縄の現実だ。

元米海兵隊員の米軍属による女性暴行殺人事件。容疑者の男は、女性を物色して2、3時間車を走らせたと逮捕直後に供述している。凶器や遺体を運んだスーツケースも用意していたとみられる。暴力で自分よりも明らかに弱い存在の女性を意のままにしようとし、最後は殺し捨てる。それは性欲などではなく、ゆがんだ支配欲の行き着く先だ。

家庭を築いていた男をこれだけ残忍な凶行に走らせたものは何だったのか。軍隊という場で学んだ暴力が全く無縁だとは思えない。

沖縄戦終結後、米兵が近づくと集落に鐘が鳴り響き、女たちは逃げ隠れた。読谷村《よみたん》の安次嶺《あしみね》キクさん（91歳）は「米兵に見つかれば乱暴され、殺される」と床下に隠れ、一晩中震えて過ごしたと証言する。

しかし事件は絶えなかった。1955年には6歳の少女が米兵に拉致、乱暴され殺された。67年ごろからベトナム帰還兵による強姦やホステス殺しが頻発する。戦場という極限状態を経験した人間が暴力を向ける先が沖縄の女性たちだった。

基地・軍隊を許さない行動する女たちの会・沖縄の調査では65年からの5年間で、強姦は表面化しただけで78件あるが、琉球政府警察局の検挙数は31だった。罰金で済んだり、迷宮入りしたりした事件も多い。

日本復帰後も米軍は駐留し、事件は続いた。そして戦後50年に当たる1995年に米兵による少女乱暴事件が起きた。

事件後、真っ先に軍隊と性暴力の関連を訴えたのは直前に北京女性会議に参加した沖縄の女性たちだった。それまで基地問題は政治や外交、防衛といった視点で捉えられがちだった。

しかし女性たちは、事件を女性の人権侵害と見て、戦後史に隠れた性被害に焦点を当て、米兵による性犯罪の掘り起こしを始めた。見えてきたのは数え切れないほどの被害と、女性が泣き寝入りせざるを得ない実態だった。

2016年3月にも、観光客の女性が米兵に襲われる準強姦事件があった。しかし東京のメディアは事件をほとんど報じなかった。ネット上に、女性の〝落ち度〟を強調する書き込みがあふれた。

被害者であるにもかかわらず、訴え出ることで誹謗《ひぼう》中傷にさらされる。女性に沈黙を強いる構造が積み重なり、新たな被害を生む。

沖縄にいる米軍人・軍属のほとんどは善良な米国民であろう。しかし、ごく一部であっても、基地がなければ事件は起こらなかった。

国土面積の0・6％しかない沖縄に全国の米軍専用施設の74・46％がある。沖縄本島の18％

2016年6月19日、6万5千人が結集した県民大会で、被害者に黙とうを捧げる参加者（那覇市奥武山陸上競技場）

を米軍基地が占める。沖縄の基地負担軽減の象徴である米軍普天間飛行場を、移設なしにそっくり返還したとしても沖縄の基地負担は74・46％が74・07％になるだけだ。

沖縄の基地負担軽減をうたう日米両政府は、わずか0・39％の軽減さえ実行できず、普天間の代わりに新たな基地を名護市辺野古に造ろうとしている。

県民はいま、事件の衝撃と悲しみに息苦しささえ感じている。私自身、沖縄に住む大人として、子を持つ母として、若い将来ある女性の命を守ることができなかった悔いにさいなまれる。

基地と住民があまりにも近すぎるこの島で、女性たちにとって戦争はまだ続いている。娘や孫たちに「戦世」を引き継がせることはもうできない。そのために立ち上がることが、大人の責任だ。

2　どうして事件・事故はなくならないか

＊軍属による犯行

事件は2016年4月28日に起こった。沖縄本島中部に住む女性が午後8時ごろ、無料通信アプリ・LINE（ライン）で婚約者の男性に「ウォーキングに行ってくる」とメッセージを送った後、行方不明になった。自宅には女性の財布や車が残されており、沖縄県警は事件性が高いとみて、公開捜査に踏み切った。

逮捕されたのは元米海兵隊員で、事件当時は米軍嘉手納基地に勤める軍属の男（32歳）だった。

逮捕直後の供述によると、容疑者は2、3時間車で女性を物色した。全く面識のない女性を背後から棒で殴り、強姦目的で草むらに連れ込んだ。刃物で刺して殺害し、遺体をスーツケースに入れて、犯行現場から10キロ離れた山中に捨てた。凶器やスーツケースはあらかじめ用意していたとみられ、計画的な犯行と考えられている。

米国防総省が公表した軍歴によると、２００７年から２０１４年まで海兵隊に所属し、最後は３等軍曹だった。射撃の指導員で、テロリズムに対する業務などの功績でメダルも受賞した。

＊21年前の事件から何か変わったか

今回の米軍属女性暴行事件の報で多くの県民が思い起こしたのは、１９９５年の米兵による少女乱暴事件であった。

幼い女の子を３人の米兵が襲った事件は、沖縄に大きな衝撃をもたらした。３米兵は犯行後、基地内に逃げ込んだ。

沖縄県警は起訴するまで彼らの身柄を逮捕できなかった。犯人たちには基地内で証拠隠滅や口裏合わせの機会はいくらでもあった。米軍関係者に特権的地位を与える「日米地位協定」のせいである。

沖縄からは日米地位協定の改定を求める声がたかまった。しかし日本政府は冷淡だった。河野洋平外務大臣（当時）は「議論が走りすぎている」と述べて、沖縄県民の怒りを買った。

ちなみに、この事件の犯人の一人は、日本の刑務所に5年間服役し、米国に帰国した。事件から11年後の２００６年に米ジョージア州で女子大生を強姦した後殺害し、自殺した。性暴力の加害者としての矯正はならず、新たな被害者を出した。

95年の少女乱暴事件は、沖縄がいまだに米兵犯罪の被害を受け続けていること、不平等な日米地位協定の問題点を浮かび上がらせた。

事件に抗議して95年10月21日に開かれた県民大会で大田昌秀知事（当時）はあいさつで、「行政の長として、一人の少女の尊厳を守れなかったことをおわびする」と述べた。

参加した8万5千人（主催者発表）は、一人の女の子すら守れなかったことの辛さと自責の念をかみしめた。

＊明らかになった海兵隊の研修内容

しかし21年後、またしても事件が起き、さらに命まで奪われた。

先日、米海兵隊が沖縄に着任した兵士らを対象にした研修で使っている教習本の内容が明らかになった。それには飲酒の問題を取り上げ、「私たちは突然『ガイジンパワー（カリスマ・マン効果）』を発揮し、社会の許容範囲を超えた行動をしてしまう傾向がある」という記述がある。

また「沖縄における政治問題の大半が米軍基地に関わるものだが、より厳密には沖縄の政治は基地問題を『てこ』に地方や中央政府との駆け引きを行っていると言える。戦後は特に基地の過重負担などを訴えることで本土側に『罪の意識』を与え、沖縄はより多くの補助金を獲得している」と、基地反対運動が駆け引きの材料であると教えている。

全体として、海兵隊として誇りを持たせることを目的に、米国の理想や正当性を強調している。そのために米軍を批判する人を敵視し、自らが正しいと主張している。沖縄の人の苦しみへの理解が足りず、沖縄県民の命を軽く考えている。こうした「上から目線」の研修が、若い海兵隊員に何を教えるのだろうか。

＊無念の思い

県民大会の開かれた6月19日は、被害女性の四十九日であり、父の日でもあった。被害女性のお父さんが弁護士を通じて県民大会へメッセージを寄せた。全文を引用する。

ご来場の皆さまへ。

米軍人・軍属による事件、事故が多い中、私の娘も被害者の一人となりました。なぜ娘なのか、なぜ殺されなければならなかったのか。今まで被害に遭った遺族の思いも同じだと思います。

被害者の無念は、計り知れない悲しみ、苦しみ、怒りとなっていくのです。

それでも、遺族は、安らかに成仏してくれることだけを願っているのです。

次の被害者を出さないためにも「全基地撤去」「辺野古新基地建設に反対」。
県民が一つになれば、可能だと思っています。
県民、名護市民として強く願っています。
ご来場の皆さまには、心より感謝申し上げます。

平成28年6月19日

娘の父より

遺族の願いは沖縄から基地がなくなることであり、政府が建設を強行する名護市の辺野古新基地をやめさせることである。それが「次の被害者を出さないため」の方策だ。

そして、1995年の事件で問題となった不平等な日米地位協定は、今日まで一言一句、まったく変わっていないのだ。

Ⅱ章

沖縄をめぐる二つの「神話」

【沖縄点描】

沖縄本島北部・やんばるに棲む飛べない鳥、ヤンバルクイナ
（国指定天然記念物・©ＯＣＶＢ）

1　沖縄は基地で食っているか

＊米軍基地は沖縄経済にメリットを生み出すのか

２０１４年に東京支社に転勤になり、報道部長として3年間勤務した。その間、本土の各地で「沖縄の今」を話をする機会があった。そこで沖縄に集中する米軍基地の問題について話をすると、多くの方にこう言われた。

「沖縄は基地反対って言っても、結局基地で食っているんでしょう」「基地がなくなったら困るのは沖縄の人でしょう」とも。「沖縄は米軍基地を受け入れる代わりに、もっと多く政府から金を取ればいい」という人もいた。

沖縄県内外にはいまでも、「沖縄は基地で食っている」という思い込みは強い。

本当にそうだろうか。

東京で官僚や政治家、記者仲間などに、沖縄の県民総所得の中で基地収入が占める割合はどのくらいか、何人もに質問したが、正解が返ってきたことはなかった。

多くが50％とか、30％という答えであった。

正解は５％である。

沖縄県の２０１３年の県民総所得は４兆１２１１億円である。そのうち、米軍基地から得られる収入は約２０８８億円。割合でいうと5・1％だ。５％が小さいとは言わないが、「これで食っている」と言われるほど大きいだろうか。

この５％の基地収入は、大きく４つに分けられる。
①米軍に提供している土地の賃借料（軍用地料）
②基地で働く日本人従業員の給与
③米軍が日本企業に工事を発注したり物品を購入したりする調達費
④沖縄にいる米軍人・軍属とその家族約５万人が基地の外の民間地で買い物などをする消費の推計値
この４つで最も大きいのは、①の軍用地料約８３０億円。次いで②の基地従業員給与が約５００億円で、この２つで基地収入の７割を占める。

実はこの２つ、土地の賃借料と基地従業員の給与は「思いやり予算」という名前で日本政府が支出している。つまり米軍基地を維持するために、私たちの税金から負担している金額なのだ。

米軍人・軍属、その家族が5万人もいても、彼らから沖縄に落ちるお金はさほど大きくない。民間地での消費額が多くないのは、彼らは基地内の大きなスーパーマーケットで関税の低い、割安な商品を買うことができるからだ。

米軍発注の工事も沖縄の地元企業が受注できない大きなからくりがある。代表的なのは「ボンド（契約履行保証）制」と呼ばれる発注制度である。保険会社が入札業者の審査と受注額に見合った金額を保証するもので、通常は工事代金の100％を求められる。しかも、発注は複数の工事をまとめて行うので、総額100億円を超える。100億円の保証金を積めるのは零細な県内企業には見当たらず、過去10年間、米軍発注工事を落札しているのは本土の大手、準大手ゼネコンだ。県内企業はその下請け、孫請けとしてわずかな利益を得るしかないのだ。

逆に、米軍基地であるより、返還された方が沖縄経済に大きなメリットを生み出すことも目に見えて分かってきた。

＊返還地の実例——那覇新都心

那覇市の北に「那覇新都心」と呼ばれる地区がある。東京ドーム42個がすっぽりと入る214ヘクタールの土地は、かつては牧港ハウジングエリアという米軍人専用の住宅街だった。

1960年代のアメリカ映画を思い出してほしい。沖縄の人間が立ち入れない鉄条網のフェ

空から見た那覇新都心

ンスで囲われた内側は、緑の芝生の庭が広がり、白い一戸建ての住宅が点在する広々とした住宅街であった。

土日には、米軍人の家族が庭でバーベキュー・パーティーを開く。子どものころ、その光景を外から見てはうらやましく思っていた。フェンスの外のごみごみした街で、ウサギ小屋のような狭い家に住む沖縄県民とは別世界、まったく異なる〝アメリカ〟が広がっていた。

その土地は、沖縄が1972年に日本復帰してから少しずつ返還され、1987年にようやく全面返還された。その後10年かけて開発が進んだ結果、いまは県立美術館・博物館があり、県内で2番目に大きなショッピングセンターがあり、沖縄で最もにぎやかで、活気あふれる街になった。

この土地が米軍基地だったころの直接経済効果

脱基地経済の成功例・北谷町

は、年間52億円だった。ほとんどが軍用地料と固定資産税であった。いまは年間１６３４億円となり、32倍もの経済効果を生み出している。

この土地で働く人（誘発雇用を含む）は、基地だったころは４８５人だったが、現在は１万６４７５人となった。実に34倍もの雇用を生み出したことになるのだ。

＊返還地の実例——北谷町

沖縄本島中部にある北谷《ちゃたん》町桑江・北前地区は、もっと差が大きい。

このエリアは、かつては滑走路が一本あるだけの米軍基地だった。返還されたいまは白い砂浜のビーチや野球場があり、若者や観光客が集まる街になった。毎年2月には、プロ野球・中日ドラゴンズがキャンプを張る。

基地だったころの直接経済効果は３億円。返還後は１１０倍の３３０億円だ。雇用を見ても、

返還跡地利用に伴う経済効果（2015年1月現在）

※県企画調整課調

那覇新都心地区（195.1 ヘクタール）

直接経済効果

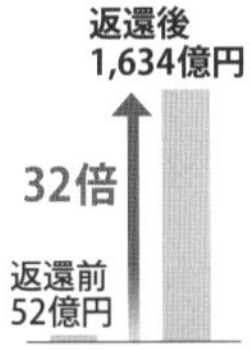

活動による経済波及効果	返還前	返還後	倍率
生産誘発額	57億円	1,624億円	28倍
所得誘発額	17億円	412億円	24倍
誘発雇用人数	485人	16,475人	34倍
税収効果	6.0億円	199億円	31倍

北谷桑江・北前地区（38.2 ヘクタール）

直接経済効果

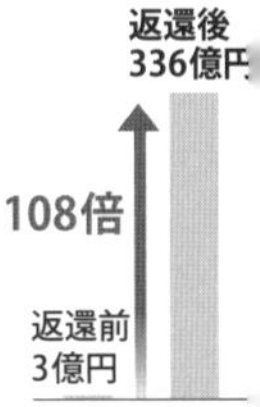

活動による経済波及効果	返還前	返還後	倍率
生産誘発額	3億円	330億円	110倍
所得誘発額	0.9億円	83億円	83倍
誘発雇用人数	25人	3,377人	135倍
税収効果（億円 / 年）	0.4億円	40億円	94倍

小禄金城地区（108.8 ヘクタール）

直接経済効果

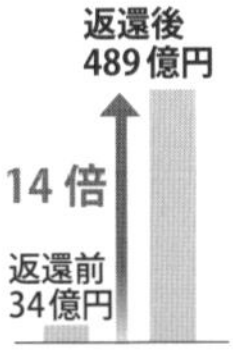

活動による経済波及効果	返還前	返還後	倍率
生産誘発額	30億円	482億円	16倍
所得誘発額	9億円	121億円	13倍
誘発雇用人数	257人	4,885人	19倍
税収効果	1.5億円	59億円	36倍

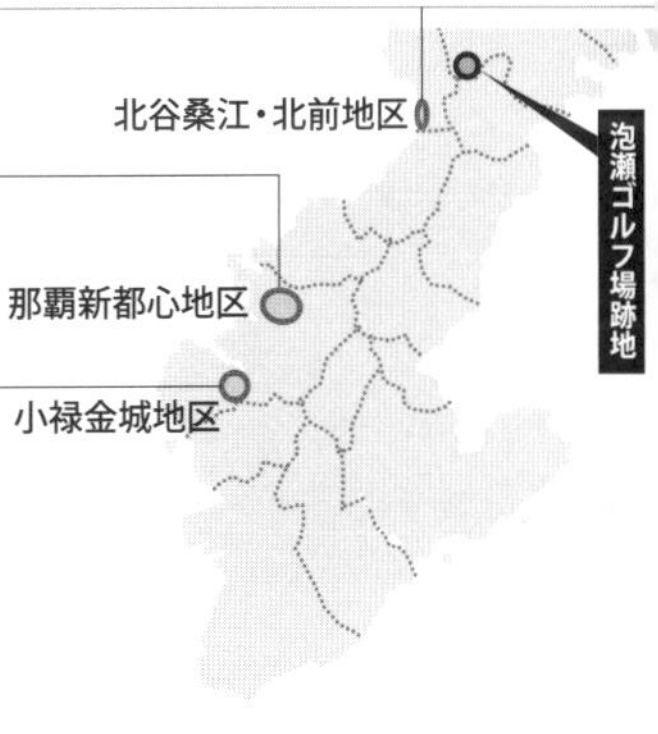

基地だったころは日本人従業員はほぼゼロ。現在は3377人の雇用を生み出している。

こうした結果を目《ま》の当たりにして、基地であるより、返還されて県民が利用できるようになった方が沖縄に経済的利益をもたらすことが、県民の目に見えて分かるようになったのだ。

実際に、米軍基地に土地を貸している、いわゆる軍用地主の人たちにも意識の変化が訪れている。

＊高かった軍用地料にも変化が

米軍用地は日本政府が地主から借り上げて、米軍に提供している。つまり借り主は国なので、賃料の取りっぱぐれはない。

さらに国は土地を安定的に米軍に提供できるよう、日本復帰後からずっと賃料を上げ続けてきた。バブル経済崩壊で地価が下がった時でも、国は軍用地料を上げ続けた。沖縄県内の基準地価は1992年度を100とした場合、2009年度は84・9と15・1ポイント下がった。しかし軍用地料は92年度を100とすると、08年度は151・6で51・6ポイント上昇した。上昇し続ける軍用地は、一種の金融商品と見なされ、08年のリーマン・ショック以降は投資対象にまでなっていた。

しかし、沖縄全体を見回すと状況は変わっていた。

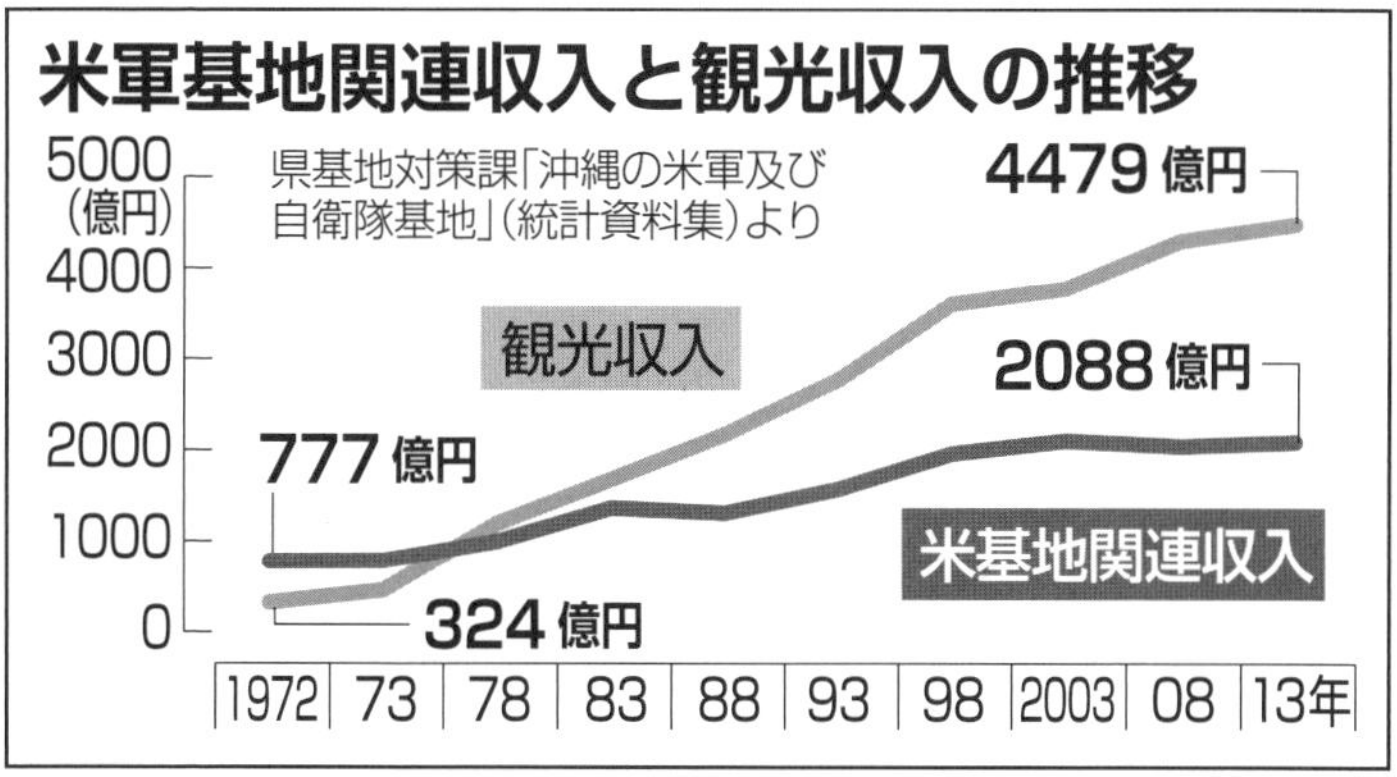

沖縄で最も賃料の高い軍用地は、那覇軍港で一坪当たり年間1万9000円台。普天間飛行場は6000円台でしかない。

しかし、前述の那覇新都心の商業施設は一坪あたり年間3万6000円。モノレールの駅や国道から離れたところでも2万円台で、平均は3万円だ。つまり、返還されて開発がうまく進めば、軍用地であるよりずっと価値が高まるということだ。

＊観光は平和産業

土地の価値だけではない。沖縄観光の担い手である、沖縄観光コンベンションビューローの平良《たいら》朝敬《ちょうけい》会長は、観光収入が伸び続ければ県民総生産額自体が拡大し、基地関連収入が県経済全体に占める割合はさらに小さくなると指摘する。さらに観光客が増えれば、国に納める消費税の増加にもつながると分析する。

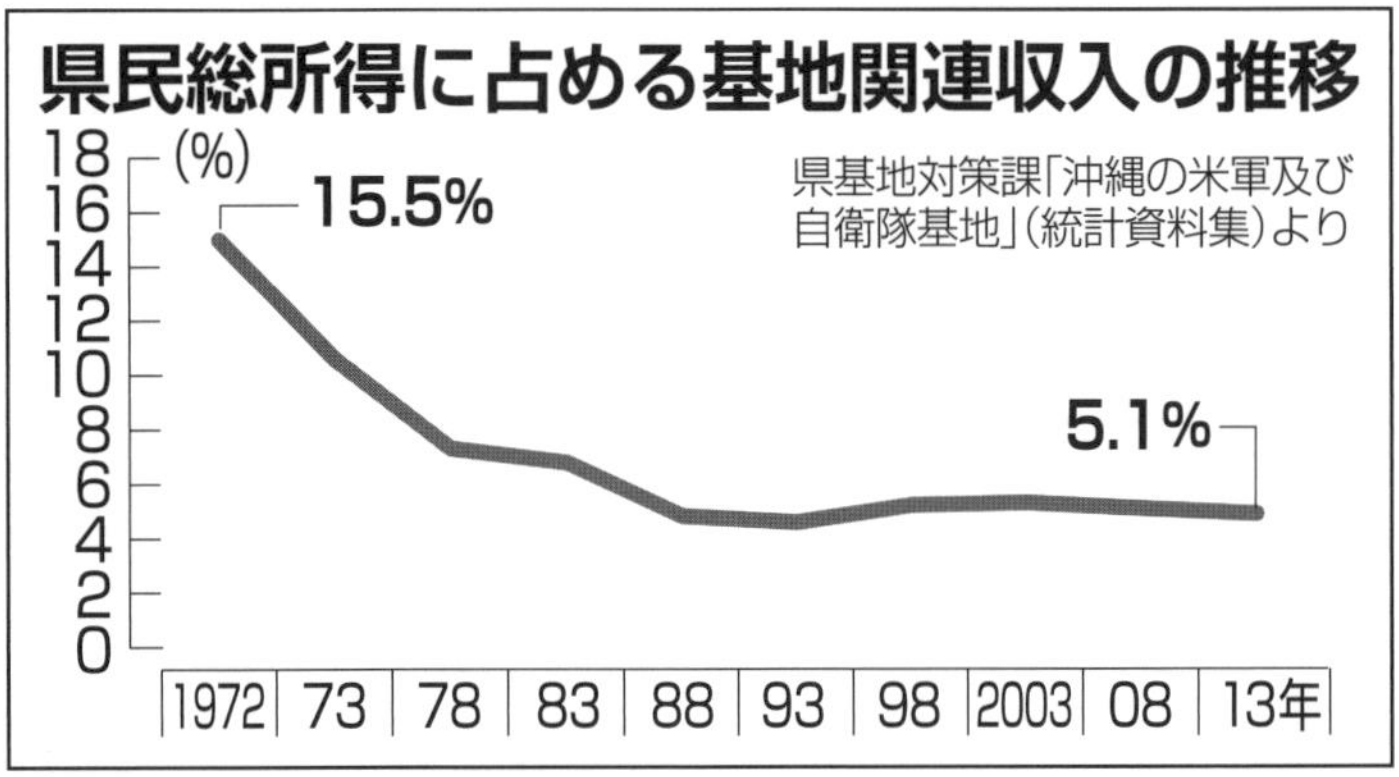

平良会長は「観光は平和産業だ」と言い、新たな基地建設には真っ向から反対する経済人だ。

「沖縄の国税支払額は九州でも4位と中位だ。2、3位の大分、熊本とは僅差で、このまま経済が拡大すれば、福岡に次ぐ九州2位の国税納付県になる」とも指摘する。平良氏は「在沖米軍基地は戦略的な土地利用を妨げており、いまや発展の阻害要因となった」と強調する。

基地の返還がうたわれると、かつては基地従業員の雇用が焦点となってきた。しかし、基地従業員の減少と、情報通信（ＩＴ）関連企業の伸長で、状況は変わりつつある。

基地で働く人は現在、約9000人。日本復帰時の約2万人から大きく減った。一方、ＩＴ企業で働く人は2万6627人となり、数百人だった10年前から大きく伸びた。

ただ、基地の返還を進める場合、雇用の問題は大きく、沖縄社会全体が対応しないとならない課題だ。

＊「沖縄の問題は金で解決できる」のか

しかし一方では、「基地あるゆえに、多額の振興予算を政府からもらっている」という声も聞く。

そのイメージを広く補強したのは、残念ながら仲井真弘多《ひろかず》知事（当時）の2013年12月末の発言だ。仲井真知事は米軍普天間飛行場の「移設先」とされる名護市辺野古の海の埋め立てを承認する前日、東京の首相官邸で安倍晋三首相、菅義偉《すがよしひで》内閣官房長官と面談した。東京都内の病院に入院中で、病院から車いす姿で現れた仲井真知事は席上、安倍首相から沖縄に今後8年間、3000億円台の予算を確保すると言われ、「140万県民が感謝している」「いい正月が迎えられる」と歓迎した。

この知事の態度は多くの国民に、「やっぱり沖縄の問題は金で解決できる」と思わせたことだろう。

ここで「誤解」があるのは、多くの国民には、各道府県が通常国から配分されている予算に上乗せして、沖縄が3000億円を余分にもらっていると思われていることだ。

税収の豊かな東京都以外の46道府県は、地方交付税や国庫補助金という名目で国から予算措置をされている。沖縄の場合はその総額が３０００億円台なのである。この予算には、道路や農地整備などの国土交通省や農林水産省などの公共事業、校舎改修など学校に関する文教施設費、不発弾処理など戦後処理の関係費など、どの道府県も国から財政移転される費用がすべて入っている。

＊根強い誤解を数字で解く

では、沖縄は国から予算をたくさんもらっているのか。他道府県に比べて多いのか。それを知る指標がある。人口一人あたりの国からの予算額である。その額で沖縄県が全国一になったことは復帰後44年間、一度もない。４位から11位の間だ。上位にいることは間違いないが、全国一もらっているというわけではない。

沖縄県の２０１３年度の国からの予算措置の合計額は７３３０億円で全国14位（東日本大震災の復興予算が多く投入された岩手、宮城、福島県を除く）。

人口１人当たりの金額で見ると、51万８千円で全国６位となる。

旧国鉄や道路公団などの大型投資を含む公的支出額だと14位（２０１２年度）で、他府県より群を抜いて沖縄に国の予算が投入されているわけではない。

逆に、沖縄から国に納められる国税額は全国でどれほどの位置にあるか。

国税庁の統計によると、所得税や法人税、消費税などを総合した２０１４年の国税徴収額（徴収決定済額）は、沖縄県が約３１１７億円。全国47都道府県のうち29番目とほぼ中位にある。沖縄関係予算と国税支払額のバランスで考えても、他府県より「もらいすぎ」な状況ではないことが分かる。

かつて自民党の細田博之幹事長代行は「沖縄県民1人当たりの国の助成は（細田氏の地元の）島根県の10倍以上あるんじゃないか」と発言して物議を醸した。

それはまったくの事実誤認だ。２０１２年度決算で見ると、地方交付税、国庫支出金、地方譲与税などを含めた国からの財政移転の人口一人当たりの額は、沖縄県は約33万８千円で47都道府県中12位だった。一方、細田氏の地元、島根は約50万４千円で全国２位だ。沖縄よりはるかに大きい。

＊阻害要因としての基地

沖縄は、国土面積の０・６％しかない小さな島に全国の米軍専用施設の74・46％が集中する。しかし全国で一番国から金をもらっているわけではない。

仲井真県政時代の２０１４年に、沖縄県は沖縄の10年総合計画である「沖縄21世紀ビジョン」を策定した。そこにはこのように書いている。「米軍基地は沖縄振興の阻害要因だ」と。

「基地が沖縄振興の阻害要因」という認識は、昨今の沖縄県内の各種の選挙の結果や世論調査などを見ても明らかなように、経済問題を背景にして、いまや県民の共通認識となりつつある。

＊教科書にも流布される誤解

しかし、このような沖縄県民の認識からすると、驚くべき誤解が表出した。2016年3月に公表された帝国書院の高校用教科書「新現代社会」のコラムで、以下のように記述されていたのだ。

【アメリカ軍がいることで、地元経済がうるおっているという意見もある。アメリカ軍基地が移設すると、あわせて移住する人も増えると考えられており、経済効果も否定できないとして移設に反対したいという声も多い。その経済効果は、軍用地の使用料や基地内で働く日本人の給与、軍人とその家族の消費などで、2000億円以上にものぼると計算されている。また日本政府も、事実上は基地の存続とひきかえに、ばくだいな振興資金を沖縄県に支出しており、県内の経済が基地に依存している度合いはきわめて高い。】

沖縄側からの抗議を受けて帝国書院は記述を訂正したが、それでもなお、次のように基地と引き替えに振興予算をもらっているなどの、誤解を招く表現は温存されている。

【アメリカ軍施設が沖縄県に集中していることなど、さまざまな特殊事情を考慮して、毎年約３０００億円の振興資金を沖縄県に支出し、公共事業などを実施している。】

ちなみに「振興資金」という言葉はなく、正確には「沖縄振興予算」であるが、資金ということにより、予算とは別の費用が充てられているかのような誤解を生むことになる。

この教科書は文部科学省の検定を経て、公表された。つまり、内容に政府が〝お墨付き〟を与えたことになる。

教科書でこのような誤解が堂々と流布される。教科書会社の見識と同時に、文部科学省の教科書検定のあり方にも大きな疑問がある。

「沖縄は基地で食っている、基地がないと困るんでしょ」などという沖縄への思い込み、レッテル貼りは、このようなところからも増幅されているのである。

2 「抑止力」とは何か

＊あいまいな抑止力という言葉

沖縄を取り巻くもう一つの神話は、「抑止力」である。

沖縄から辺野古新基地建設に反対する声が高まると、多くの人が「普天間基地の代替施設がなくなると抑止力がなくなる」「中国に攻められる」などと言う。自民党国会議員の勉強会で作家の百田《ひゃくた》尚樹氏は基地に反対する沖縄のことを、「沖縄は島の一つでも取られないと目を覚まさないかもしれない」と発言した。それが沖縄に基地を置き続ける理由となっている。

「抑止力」という言葉は便利な言葉である。

抑止力の「力」を誰も計れない。どれだけ基地があったら、どれだけ米兵がいたら、どれだけ自衛隊に新しい飛行機があれば、抑止力がどのくらい上がるのかなど、誰も正確なことは言えない。ただ抑止力の名の下に、防衛省の予算は上がり続けている。

尖閣問題が出てから「抑止力論」はますます強まった。

「中国が尖閣を狙っており、それは沖縄の米軍が守ってくれる。だから普天間の移設先は同じ沖縄でなければばならない」というのが、辺野古新基地を造ろうとする論理だ。インターネット上などでは、尖閣有事が発生すれば米海兵隊員が尖閣に急行し、中国軍を撃破、島を奪還する筋書きが示され、米海兵隊を沖縄に置き続ける根拠として挙げられている。

＊尖閣有事で米軍は？

では有事の際、米軍は尖閣を守るのか。

日本と米国が２０１５年４月に了承した日米防衛協力の指針（ガイドライン）では、日本に対する陸上攻撃への対応をこう明記している。

「自衛隊は島嶼《とうしょ》に対するものを含む陸上攻撃を阻止し、排除する作戦を行う一義的責務を負う。必要が生じれば、自衛隊は島嶼を奪還する作戦を実施する」

つまり他国から尖閣への武力侵攻に対しては、自衛隊が責任を負うとしており、米軍が最初から軍事攻撃に加わることを想定していない。むしろ指針では米軍の役割は自衛隊の支援と補完だとしている。支援と補完には、真っ先に戦闘に行くという意味はない。

実際、安倍晋三首相が指針策定に先立つ２０１３年２月のワシントンでの講演で、「尖閣について日本は米側にあれやこれをしてほしいと頼む意図はない。自国の領土は今も将来も自分で守るつもりだ」と述べている。

さらに、2014年4月に東京で開かれた日米首脳会談で、オバマ米大統領は安倍晋三首相との共同記者会見で、尖閣は日米安保条約の適用範囲だと表明したが、併せて日本側に「この懸案の平和的解決の重要性を強調した。事態がエスカレートし続けるのは重大な誤りだ」と伝達したことも明らかにした。

そして米メディアの記者から、「中国がこれらの島（尖閣）に侵入すれば、米国は武力行使を検討するのか」と質問を浴びせたことに、オバマ氏は気色ばみ、こう答えた。

「他国が国際法や規則を破るたびに、米国は戦争しなければならないのか。そうじゃないだろう」と。

冷静に考えて、世界の2大大国となった米国と中国が、尖閣のような日本の小さな無人島を巡って争うだろうか。米国は、尖閣が日中どちらに帰属するかについては、1952年発効のサンフランシスコ平和条約から現在に至るまで、一貫して「中立」という立場だ。

＊日本を守るために米軍がいるという幻想

では、米軍はなぜ日本にいるのか。春名幹男早稲田大学客員教授が2007年9月に米国立公文書館で発見した機密文書に、そのヒントがある。

1971年12月29日、ジョンソン米国務次官（当時）がニクソン大統領に宛てたメモは、在日米軍の役割をこう記していた。

「在日米軍は日本本土を防衛するために日本に駐留しているわけではなく（それは日本の責任だ）、韓国、台湾、および東南アジアの戦略的防衛のために駐留している」

実際、沖縄を拠点とする米海兵隊の主力戦闘部隊は、年間の半分以上は沖縄を〝留守〟にし、太平洋地域を巡回展開している。

米国の考え方は、「日本が大規模な侵略を受け、米国の基本的な安保戦略自体が危うくなるような事態には、米軍が日本防衛のために行動する。米軍は日本を防衛する目的で駐留しているのではなく、台湾有事、朝鮮半島有事、東南アジア戦略をにらんだ兵站補給機能の『足場』として日本を位置付けている」というものだ。

日本を守るために米軍がいるというのは、日本人の大いなる幻想だ。しかも政府はそれをよく分かっているから、安倍首相のように『ワシントンでは米軍が尖閣を守ってくれるなんて言わない。国内向けの言説と使い分けている。

＊米国の論理

目を米軍基地が集中する沖縄に転じてみよう。

沖縄に米軍基地を置く理由について、「沖縄は地理的優位性」があり「抑止力」になっていると説明してきた。

だが、米国の論理は違う。

米クリントン政権で普天間飛行場返還の日米合意を主導したジョセフ・ナイ元国防次官補(現ハーバード大教授)や、対日政策の重鎮カート・キャンベル前国務次官補は沖縄に集中する米軍基地を「かごの卵」と評する。

ナイ氏は、リチャード・アーミテージ元国務副長官との連名で、超党派の対日専門家による政策提言書「アーミテージ・ナイ報告(リポート)」を発表し、日本に集団的自衛権の行使容認などを求めてきた。同レポートは安全保障面で日本が世界各地で貢献を拡大するよう迫ったほか、原発再稼働、環太平洋戦略的経済連携協定(TPP)への早期参加など提言した。米国側がつくった、安倍政権の外交戦略の〝マニュアル〟とも言われている。

そのナイ氏は朝日新聞のインタビューで、沖縄に集中する米軍基地について「中国の弾道ミサイル能力向上に伴って、その脆弱《ぜいじゃく》性を認識する必要が出てきた。卵を一つのかごに入れれば、(全て)壊れるリスクが増す」と指摘した。

つまり沖縄に米軍基地が集中する状態は、中国のミサイル1発で打撃を受ける、かごの中の卵のように弱い、と言っているのである。沖縄から見れば、米軍基地があるために沖縄自体が標的になる危険がある、ということである。

実際、米国はすでに新しいアジア戦略を始めている。海兵隊の機動性を強化して沖縄と韓国に置いていた部隊をオーストラリアやグアム、ハワイ、沖縄、佐世保、韓国などを周回するローテーション配備に変えている。一カ所にとどまっては攻撃される恐れがあり危ないから、アジア・太平洋の広い範囲をぐるぐる回ることで、いざというときにすぐ対応できるようにしようというわけだ。米国の方が、「かごの卵」を分散させつつあると言える。

＊海兵隊の役割への疑問

沖縄では2016年4月に起きた元米海兵隊員で軍属の男による女性暴行殺人事件が起きた後、海兵隊の撤退を求める声が高まった。県議会が初めて海兵隊撤退決議を全会一致で可決したことがその現れだ。

海兵隊は殴り込み部隊で真っ先に戦場に赴く役目だから、沖縄に駐留させる必要があるという論を展開する人もいるが、海兵隊が殴り込み部隊だったのは遠い過去のお話だ。1950年の朝鮮戦争で有名な仁川《インチョン》上陸作戦に成功したのが、殴り込みの最後の勇姿だという。

また、防衛省が言うように、「沖縄はわが国のシーレーン（海上交通路）に近い、安全保障上極めて重要な位置にある」と、在沖米海兵隊によるシーレーン防衛任務を力説するのも誤りで、シーレーン防衛は敵対国による海上封鎖などの事態が起きた時、ミサイルや魚雷を載せた潜水艦の派遣や海中に敷設された機雷除去への対処、周辺の制空権の確保などが主な作戦行動だ。こうした任務を担うのは海軍や空軍だ。

海上封鎖を防いだり、阻止するシーレーン防衛で、海兵隊がどれほどの役割を果たすのか。専門家からは大きな疑問が投げ掛けられている。

＊沖縄の基地負担軽減はまず海兵隊から

沖縄における米海兵隊は基地面積の7割、軍人数で6割を占め、群を抜いた存在感がある。沖縄は国土面積の0・6％しかない小さな島だが、全国の米軍専用施設の74・46％がある。沖縄の基地負担軽減の象徴である米軍普天間飛行場を移設なしにそっくり返還したとしても、沖縄の基地負担は74・46％が74・07％になるだけだ。沖縄には、普天間以外にも多くの基地がある。

これだけの基地を沖縄に、まさに「かごの卵」のように詰め込んでいるのは、森本敏元防衛大臣の言葉に象徴される。森本氏は大臣であったころから現在までこう言っている。

「軍事的に沖縄に必ずしも基地を置く必要はない。それは政治的な理由だ」と。

軍事的には沖縄でなくてもいいが、他府県に米軍基地を移そうとすると必ず地元から反対される。反対を押し切って基地を移設するより、沖縄なら外にもたくさん基地があるし、沖縄でどんなに反対運動が起こっても東京のメディアは報じない。だから政治課題にはならない。つまり政治的エネルギーを必要としない、と考えているのである。

沖縄の基地負担軽減をうたう日米両政府は、わずか０・39％の軽減さえ実行できず、普天間の代わりに新たな基地を名護市辺野古に造ろうとしている。

仮に海兵隊施設が沖縄からなくなった場合、在日米軍専用施設面積が沖縄に集中する割合は、現在の74％から41％にまで減少する。

沖縄の基地負担軽減の解決策は、まずは海兵隊を米本国に帰すことだと私は思う。

＊本当の安全保障の構築を

安倍政権はやっきになって造ろうとしている辺野古新基地は、美しいサンゴとジュゴンのすみかである大浦湾を埋め立てた約１３０ヘクタールの土地に、２本の滑走路と強襲揚陸艦が接岸できる桟橋、弾薬庫を備えた、普天間よりも機能強化された新しい基地だ。この基地がほしいのはいったい誰なのだろうか。

日本全体で考えてほしいのは、本当の安全保障ということだ。

安全保障とは英語でSecurity。ケアーすることがない、つまり「心配事がない」という意味だ。しかし日本では、仮想敵との軍事対立に備えることが安全保障だと考えられているが、それは「国防」だ。

そこから物事の出発点が違っていると思う。

安全保障を確立するには敵をなくすこと、敵対国であっても関係改善を図っていくのが大事だ。それが外交の一番の仕事だ。

大国の間で、脅威論をあおり、軍事費を増やし続け、辺野古新基地を米国に提供するだけでなく、沖縄の離島に次々と自衛隊の拠点を置こうとしている。すべて日本国民が払う税金によって造る。これで「心配事がなく」、この国の安全が保たれるのであろうか。

沖縄の問題は日本全体の問題なのである。

Ⅲ章

菅義偉内閣官房長官インタビュー

【沖縄点描】

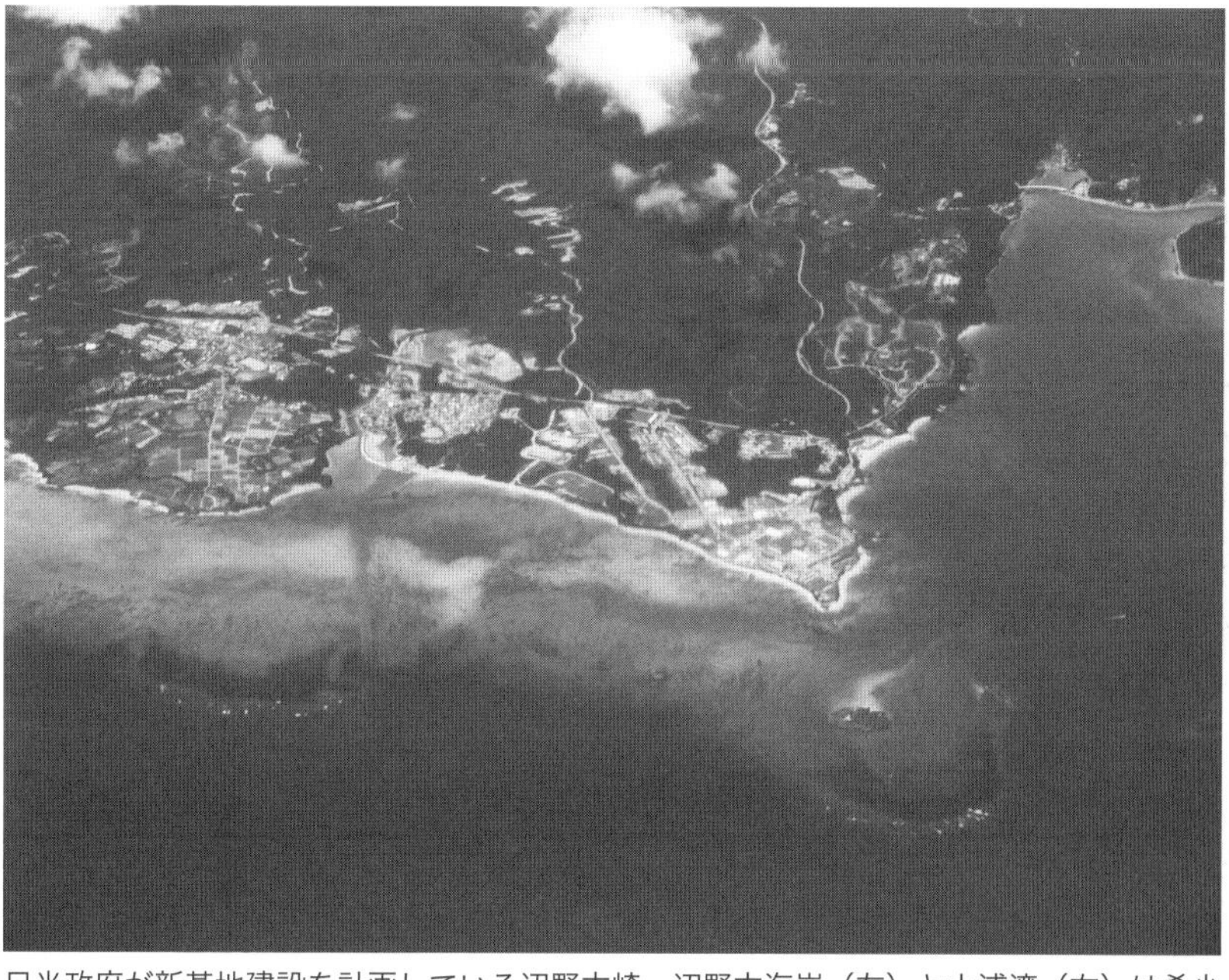

日米政府が新基地建設を計画している辺野古崎。辺野古海岸（左）と大浦湾（右）は希少なサンゴの海、この一部を埋め立てて飛行場と軍港を造るという（撮影：目崎茂和）

２０１２年12月、民主党から自民党が政権を奪還して安倍政権が誕生した。安倍政権は「決められる政治」を標榜して、民主党政権で滞っていた問題を全て進めるとした。その一つが米軍普天間飛行場の名護市辺野古への移設だった。その推進役となったのは首相の女房役である菅義偉《すがよしひで》内閣官房長官である。菅氏は当時、普天間飛行場の移設先を「県外に求める」としていた仲井真弘多沖縄県知事の説得に自ら乗り出し、２０１３年12月、辺野古の海の埋め立て承認に判を押させた。これに沖縄県民は大きく反発した。２０１４年11月の県知事選挙で仲井真氏ら３人の候補者を抑え、翁長雄志《おながたけし》那覇市長が当選する。次点の仲井真氏に10万票の大差をつけた勝利だった。翁長知事は当選後すぐから安倍首相、菅氏ら政府首脳との面談を繰り返し希望した。しかし安倍政権は翁長知事との面談に応じず、４カ月以上が過ぎていた。菅氏自ら沖縄を訪れるなど、頻繁に面談した仲井真前知事との対応の差ははっきりしていた。インタビューはその時期（２０１５年４月初め）に行われた。菅氏が沖縄の地元メディアへの単独インタビューに応じたのは初めてだった。

◇◇◇

菅義偉内閣官房長官は琉球新報のインタビューで、基地負担軽減や米軍普天間飛行場の名護市辺野古への移設について政府の対応を語った。（聞き手・島洋子）

菅内閣官房長官（左）に単独インタビューする筆者

島：国土面積の0・6％しかない沖縄に、全国の米軍専用施設の73・8％（2015年当時）が集中している。日本政府は1995年以降、約20年間、沖縄の負担軽減に取り組むとしてきたが、基地の返還は遅々として進んでいない。

世界一危険な普天間の移設も代替基地という条件付きだ。負担軽減が進まない中、危険性が指摘されるオスプレイが導入されるなど県民の負担感は増しており、それが日本政府への不信を生んでいる。

負担軽減担当相として、返還につながる具体的動きは見えてこない。具体的な負担軽減として何をするか……。

菅義偉内閣官房長官：国土の1％に満たない沖縄に73・8％の基地を負担していただいている。政府は負担軽減に取り組んできたが、十分ではない。安倍政権は沖縄問題を最優先課題と位置づけて、やれることはすべてやるという方針の下、負担軽減を図る。

まず世界一危険な普天間飛行場の全面返還に向けて、辺野古への移設を進める。人口が密集する嘉手納より南の米軍基地について、2013年の日米首脳会談の合意に基づき定められた返還時期に沿って、できるだけ早く返還されるよう働きかけており、実現すればその7割、面積にして東京ドーム220個分が返還される。

現に3月末に西普天間住宅地区を返還させた。ここには地元の要望を受けて国際医療拠点の形成を検討している。

このほか、地位協定に環境補足協定を追加し、3千億円台の振興予算も維持する。政府として約束したことはやる。目に見える形で実現する。できることは全てやるという思いだ。

島：名護市辺野古の移設先周辺では反対運動が激しくなっている。2014年夏のボーリング調査開始以降、反対運動は沈静化するどころか、逆に人数も増え、一般県民がバスで辺野古を訪れる状況だ。

一方で、政府は移設作業を強行している。沖縄では政府の手法に「圧政」との批判も出ている。現状をどう見るか。そして今後は工事をどう進める考えか……。

菅義偉内閣官房長官：普天間の固定化は絶対に避けなければならず、政府は一貫してこの問題に取り組んできた。

残念ながらこれまでは遅々として進まなかったが、安倍政権は辺野古移設の必要性を丁寧に説明し、２０１３年、仲井真弘多前知事から埋め立て許可を得た。

法治国家として、また、行政の継続性という観点からも、国として（工事を）粛々と進めていきたい。

島：沖縄県が岩礁破砕の取り消しも示唆しているが、取り消しなどで移設作業が停滞する場合、政府としてどう対応するか。
県知事の作業停止指示に対し、昨日、農水相が指示の一時執行停止を決めた。県が求めた制限水域内の調査でさえ、できないのはなぜか。
また、長官は前知事の埋め立て承認をもって法治国家として対応すると言うが、今回の行政不服審査に対しては国が申し立ての当事者になりうるかを含めて議論がある。行政手続き論や法律解釈論の応酬で両者の対立が解決するとは思えないのだが……。
菅義偉内閣官房長官：岩礁破砕許可の取り扱いについては、沖縄防衛局も私人の事業者と異なることはない。知事の処分に不服があれば、申し立てできるというのが行政不服審査法の考えだ。

島：翁長雄志知事、地元の稲嶺進名護市長も辺野古移設に反対している。にもかかわらず、今後も法律論を楯に基地を造るのか……。

菅義偉内閣官房長官：普天間の危険除去をどうするかという返還の原点が忘れられている。尖閣諸島や北朝鮮をめぐる状況など、わが国の安全保障環境が厳しさを増す中、日米同盟の抑止力の維持と、普天間の危険除去を考え合わせたとき、国は唯一の解決策は辺野古移設しかないと思っている。

普天間は住宅や学校に囲まれていて、危険除去は一日も早く取り組むべきで、固定化は避けるべきだ。

島：県の作業停止指示について。地元の知事がサンゴの調査をするのはまっとうな要求だと思うが、それさえできないのはなぜか……。

菅義偉内閣官房長官：アンカー設置を県と協議した際には、岩礁破砕許可は不要だということだった。那覇空港第2滑走路でも不要という扱いであり、公平性というのがある。国として粛々と進めていく。

島：翁長知事が岩礁破砕の取り消しも示唆している。政府はどうするか……。

菅義偉内閣官房長官：仮定の話に答えるべきじゃないが、行政の長が変わったからもう一度見直すというのは、私はどうかと思う。行政の継続性が否定されることはないと思う。

島：政権交代でもいろんな決定や方針は変わる例は多々あった。

菅義偉内閣官房長官：この問題は政策としてどちらをとるかということではなく、水産資源保護法という法律に基づき、法定受託事務として沖縄県が処理する岩礁破砕許可という事務について、法律の解釈に照らすとどうなるかということ。このまま進めてもまったく問題ない。

島：県、名護市との対立を政府として今後どうしていきたいか、聞きたい。翁長知事から2度面談要望があったと言うが、長官は多忙を理由に会っていない。また、安倍政権誕生2年以上、基地を押しつけられる側である地元名護市の市長とも一度も面談していない。

かつて自民党の政治家は野中広務官房長官や橋本総理、小渕総理も含めて「沖縄の頭越しにはしない」と言い続け、沖縄との対話を重視してきた。

長官が政治の師と呼ぶ梶山静六さんは論文「日米安保と沖縄」の中で、「特定の地域、特定の県民だけが国益のために負担を過度に負うことは、民主主義の原理に違背し、やがてはその根本をも覆すことになりかねない」と書き、「沖縄県民の理解と協力を欠いた県民不在の日米安保体制はありえない」と指摘している。

安倍政権は対話を造らないという意味で極めて乱暴な対応に映る。県、名護市との対立を今後どうするつもりか。

安倍首相は中国や韓国に対し、「対話のドアは常にオープン」と言っている。しかし翁長雄志知事に対しては、度重なる面会要求を拒んでいる。これはダブルスタンダードではないか……。

菅義偉内閣官房長官：それはまったく当たらない。総理には「沖縄のためにやれることはすべてやるように」と指示を受けている。

先輩の皆さんは大変な努力をされた。しかし私どもは負担軽減を目に見える形で進め、住民にも丁寧に説明することで理解を得ていきたい。

島：基地の返還はずっと期待を裏切られている。

菅義偉内閣官房長官：正直なところ、だからこそ国に対して不信感があると思う。私たちは約束したことは必ずやる。

空中給油機15機の岩国移駐を実現した。オスプレイの県外訓練も受け入れてもらった。千葉県木更津にオスプレイの整備拠点を置くのを森田健作知事が理解してくれた。
沖縄の観光客は2年で120万人増え過去最高の706万人となった。USJ（ユニバーサル・スタジオ・ジャパン）進出の動きもある。国として沖縄振興策で支援していく。（その後、USJ進出の話は撤回された。）

島：県や名護市と政府の対立をどうするか……。

菅義偉内閣官房長官：4月4日に開催予定のキャンプ瑞慶覧《ずけらん》西普天間住宅地区返還式への出席のため沖縄を訪問し、その際、翁長知事と面談を申し入れている。

島：米国ではアーミテージ氏やジョセフ・ナイ氏などの元高官から辺野古移設の見直しに柔軟な意見がある。海兵隊の抑止力にも否定論がある。辺野古だけが解決策ではないはずだ。日本政府が柔軟に第三の道を考えることは……。

菅義偉内閣官房長官：考えていない。辺野古移設は日米両政府で決めた約束だ。日米同盟の抑止力と普天間の危険除去を考えると、（辺野古が）唯一の解決策であり、政府としてはしっかり粛々《しゅくしゅく》と進めていく。

島：沖縄人（ウチナーンチュ）として聞きたい。沖縄は民主主義が適用されているだろうか。昨年（２０１４年）、沖縄は名護市長選、県知事選、衆院選４小選挙区で移設反対の候補者が当選した。名護市議会も移設反対派が多数となった。民主主義国家として選挙で民意を示したにも関わらず、政府が民意を無視していることに疑問を持つ。

菅義偉内閣官房長官：それは私の考えと違う。辺野古移設が決定してから、埋め立て承認をもらうまで14年かかっている。沖縄県知事から埋め立て承認をもらうまで、国として努力してきた。

その承認を受けて粛々と進めている。普天間移設が進まなければ、世界一危険な普天間の固定化につながる。

島：承認した知事は、選挙で県民から支持されなかった。

菅義偉内閣官房長官：争点はすべて辺野古移設問題とは私は思ってない。選挙はいろんな要素が混じっている。それに選挙ごとに行政が変わったら混乱を来たす。

島：県民の強い反対があったからこそ移設は進まなかった。

菅義偉内閣官房長官：もちろんそうだろう。しかし結果として危険な普天間（の危険除去）

はまったく進まなかった。そこはやはり、国としてやるべきだ。

島：辺野古に反対する県民の方が多い。その声を聞かず工事を強行している。

菅義偉内閣官房長官：強行ではなく、14年かかって承認してもらったことを進めているということだ。この政権は約束を守る、ということで理解を得られるよう取り組む。

島：本土では、地元の反対で原発立地が凍結された例が、新潟県巻町など複数ある。しかし沖縄では反対があってもなぜできるのか。

沖縄に対する差別では……。

菅義偉内閣官房長官：本土と沖縄に差はまったくない。沖縄からは（知事の）承認をいただいて進めている。行政は継続性と公平性が重要だ。

Ⅳ章

女性記者の眼

日々の思い　2014～2016年

【沖縄点描】

西表島に棲むイリオモテヤマネコ。「生きた化石」ともいわれる
（国指定特別天然記念物　©OCVB）

＊沖縄県民の世論

２０１４年８月の旧盆に沖縄に帰省して、米軍普天間飛行場の移設先とされる名護市辺野古へ向かった。工事車両が行き来するキャンプ・シュワブの門の前は、新基地建設反対派がテントを張って座り込みをしている。そこで奇妙な光景を見た。

反対する市民と対峙しているのは、五輪選手が多く在籍することで知られる民間警備会社の人たちだ。その後ろに沖縄県警の機動隊がいる。工事発注者である防衛局職員は二重の守りの内側、そして米兵はゲートの奥で日本人同士のにらみ合いを様子見している。

「米軍基地を沖縄防衛局の職員が守り、職員を県警が守り、県警を民間警備会社が守っている」と揶揄《やゆ》される光景だ。憤りを通り越して滑稽にすら感じられる。

目を転じて、座り込みに参加している人たちを見ると少しほっとした。家族連れが何組もいた。小学生の子２人を連れたお母さんは「こんなきれいな海が埋め立てられるのは許せない。何かしたいと思った。子どもたちにも大人が基地に反対している光景を見せたいと思って」と話した。

東京では政府側の人たちが、「辺野古で反対しているのは特定の活動家だ」と流布している。反対運動は大きな問題ではないと強調するためだ。メディアの人間でもその言説を信じる者もいる。しかし、辺野古の座り込みを見れば分かるだろう。

8月23日には、想定の倍近い3600人の人たちが何時間もバスに揺られて辺野古に集まった。ともに戦争体験者である辺野古に住む85歳の女性と、普天間飛行場の側に住む86歳の女性は、「戦争につながる基地はいらない」と声をあげた。

民間会社の社員を最前線に立てて工事を強行しようとする政府は、このおばあさんたちに正面から向かえるだろうか。

琉球新報と沖縄テレビが行った最新の世論調査では、81・5％が移設を強行する安倍政権を「支持しない」と答え、79・7％が普天間の県内移設に反対した。政府がいかに反対運動を矮《わい》小《しょう》化しようとしても、これが沖縄県民の世論なのだ。

＊民主主義とは何だろう

全国的には自民・公明の政権与党が絶対安定多数を維持した2014年12月の衆院選だったが、沖縄では真逆の結果が出た。米軍普天間飛行場の返還・移設問題が最大の争点となり、全4選挙区で自公の候補者が全敗したのだ。勝ったのは1区が共産、2区が社民、3区が生活、4区が無所属の候補者。いずれも11月も県知事選で勝利した翁長雄志《おながたけし》氏を支援した「オール沖縄」の陣営だ。

衆院選挙取材のため、1か月、沖縄にいた。そこで見たのは自民党の候補者に対するかつてない逆風だった。

起点は2年前にさかのぼる。2012年総選挙で自民党の候補者は4人全員が、普天間飛行場の移設先について「県内移設反対」を公約にして当選した。しかし普天間の名護市辺野古への移設を進める政府、党本部の圧力に屈する。

2013年11月、石破《いしば》茂自民党幹事長（当時）が会見する傍らで並んでうなだれる自民党国会議員が報じられた。彼らが公約を翻し、辺野古移設容認に転じた瞬間だった。

それは琉球王国を明治政府が軍事力で日本に併合した「琉球処分」を想起させた。自民党国会議員の変節は、その後の仲井真弘多知事（当時）による辺野古の海の埋め立て承認につながる。

沖縄の代表が政府の圧力に屈した事実は、沖縄県民の誇りを傷つけた。その記憶は1年たっても消えることはなかった。4区に立候補した前自民党県連会長は街頭演説中、車の窓を開けた運転手から「バカヤロー」と怒鳴られた。別陣営の運動員は「うそつきと呼ばれる」とぼやいた。

しかしながら選挙区で負けた自民党候補は全員、比例区で復活当選した。有権者の審判と逆の結果が生じたのは、いまの選挙制度の問題が極端な形で出たと思う。

県民は名護市長選、名護市議選、県知事選、衆院選と、選挙によって辺野古移設反対の意思表示をしてきた。しかしながら政府は辺野古への新基地建設を止めようとはしない。民主主義とは何だろう。沖縄の訴えはより切実なものになっている。

＊「キャラウェイ」の記憶

沖縄の人にとっては久々に登場した名前、沖縄県外の多くの人々にとっては、耳慣れぬ名前だっただろう。米施政権下に置かれた沖縄で、最高権力者である高等弁務官を務めたキャラウェイ陸軍中将である。

２０１５年４月５日、就任４カ月たって実現した菅義偉《すがよしひで》官房長官との会談で、翁長雄志沖縄県知事は「『粛々《しゅくしゅく》』という言葉を何度も使う官房長官の姿が、キャラウェイ高等弁務官と重なる」と発言した。

沖縄でキャラウェイの名前は、「強権政治」の代名詞だ。

高等弁務官とは、宗主国が植民地に置く行政の最高責任者を意味する。第３代琉球列島高等弁務官（１９６１年２月〜64年７月）を務めたキャラウェイは、「沖縄の自治は神話だ」と発言し、米軍による直接統治を強化しようとした。本土と沖縄の接近も警戒したらしい。

そうしなければ、沖縄の米軍基地を維持することはできないと考えたからだ。しかし、彼の強圧的な姿勢に沖縄の人々は激しく反発し、親米的だった保守勢力も分裂した。

翁長知事の発言は、米軍普天間飛行場の移設作業を強行する安倍政権に対して、「あなたたちの政策は、沖縄からすれば植民地主義としか言いようがない」という痛烈な批判だ。菅長官に対しては「あなたは圧政者だ」と言っているのだ。

もし菅長官が自分は圧政者ではないと思っていれば、またはキャラウェイを知っていたら、「安倍政権は植民地主義ではない」と即座に反論しただろう。「キャラウェイに擬するとは失礼な」と怒ったかもしれない。しかし、菅長官はふんふんと頷いていただけだった。

東京に戻り、菅長官は『粛々と』はもう使わない」と言葉だけは封印したが、辺野古の作業を止める気配はない。沖縄からは、キャラウェイ以上の反発が起きている。

ちなみにキャラウェイは、沖縄の世論の反発が高まったことにすぐに反応した米政府によって高等弁務官を解任され、更迭された。

沖縄の民意に敏感になるのは日本政府よりも米国かもしれない。

*「みるく世がやゆら」

「鉄の防風」と呼ばれる激しい地上戦を経験した沖縄でも、体験者が減るなかで記憶の風化が嘆かれている。しかし、戦争は過ぎ去った過去の出来事ではない。そう実感させてくれた若者に驚かされた。

２０１５年6月23日の沖縄全戦没者追悼式で自作の詩「みるく世《ゆ》がやゆら（平和な世でしょうか）」を読み上げたのは高校3年の知念捷《ちねんまさる》さんだ。

詩は沖縄戦で22歳の夫を亡くした大伯母がモデルだ。乳飲み子を抱え、再婚もせず戦後を生きた。

90歳を越え、認知症を患い、ベッドへ横臥する。

「すべての記憶が　漆黒の闇へと消えるのを前にして　彼女は歌う」「あなたが笑ってお戻りになられることをお待ちしていますと　軍人節の歌に込め　何十回　何百回と　次第に途切れ途切れになる　彼女の歌声」「七〇年の時を経て　彼女の悲しみが　刻まれた頬を涙が伝う」

あの戦争から70年。体験者が年々減り、記憶が薄れ、風化していく現実。それでも「忘れてはならぬ　彼女の記憶を　戦争の惨めさを」と思いを歌う。

そして詩は「みるく世がやゆら」と8回、問いかける。それに「今は平和な世だ」と胸を張って言えるだろうか。

集団的自衛権の行使容認、そしていま国会で議論されている安保法制も戦争への備えであろうが、武力に武力をもって対峙するのが果たして取るべき道だろうか。

さらに沖縄では、現在も頭上を米軍の戦闘機が飛び交う状況でありながら、米軍普天間基地の代替と称して、滑走路が2本に強襲揚陸艦も接岸できる桟橋を備えた新しい基地が造られようとしている。

戦後70年を経て、過去を忘れ、再び来た道を歩もうとしているのは私たち大人である。島中が犠牲者への祈りに包まれるその日、若者から突きつけられた「みるく世がやゆら」の問いが重く心に響く。

＊政権と沖縄の距離

異様な雰囲気に包まれた「慰霊の日」の式典だった。

沖縄では、沖縄戦の組織的戦闘が終わったとされる6月23日を「慰霊の日」して沖縄全戦没者追悼式を行う。住民の4分の1が戦死したといわれる苛烈な地上戦の犠牲者に祈りを捧げる日だ。戦後70年の今年、追悼式には、高齢のため「今年が最後の出席かも」とつぶやきながら参加する遺族も多かった。

しかし式典の様相は過去の年とは全く違った。翁長雄志知事が目の前の安倍晋三首相に「辺野古へ移設する作業の中止を決断され、沖縄の基地負担を軽減する政策を再度見直されることを強く求める」と述べると大きな拍手が起き、なかなか鳴り止まなかった。

次いで安倍首相は新基地建設には全く言及せず、「沖縄の基地負担軽減に全力を尽くす」という、もはや手垢のついた言葉だけだった。会場では「帰れー」などの怒号がとんだ（ちなみに私は、高いマイクのせいか会場のざわめきを拾わない公共放送の中継ではなく、琉球新報のネット上の中継で見ていた）。

本来、瞑目《めいもく》し静かに祈りをささげる日である。出席者もよく分かっていただろう。それでも叫んだ人たちがいたのは、現在の政権と沖縄の関係を表している。

＊戦争のためにペンを取らない

２０１５年６月、安倍晋三首相に近い自民党国会議員の勉強会で、衆院議員が「マスコミを懲らしめるには広告収入がなくなることが一番だ。経団連に働きかけてほしい」と発言して、問題になったのはご存じだろう。

その席で講師の作家、百田《ひゃくた》尚樹氏から「沖縄の２紙はつぶさなあかん」と言われたのが、私の働く琉球新報と、沖縄タイムスである。ご安心ください。まだつぶれてません。

（それはともかくとして）政府や議員が沖縄２紙を攻撃するのは今に始まったことではない。米軍基地問題をめぐって政府と沖縄の対立が深まると、沖縄の新聞に矛先が向き、「反基地の世論をあおっている」「偏向」という批判が繰り出される。

沖縄には戦後十数紙の新聞が発刊された。中には絶対的権力を握る米軍におもね、その政策を支持する新聞もあった。一方2紙は米兵による事件・事故で人権をむしばまれる住民と目線を共有し、植民地主義とも言える米軍の沖縄政策を批判してきた。残ったのは2紙である。

それは沖縄の施政権返還後も変わらないつもりだ。沖縄に基地を押しつけ、不平等な地位協定を変えようとすらしない日米両政府の姿勢を追及してきた。

安倍政権下でメディアへの圧力は強まっている。2014年の衆院選では、政府がテレビ局に報道手法に言及した文書を送った。4月にはNHKとテレビ朝日を自民党本部に呼びつけた。一強と言われる安倍政権のおごりが出た行動だと思うが、背後にはメディアも政権が操れるという確信があるのだろう。就任会見で「政府が右というものを左というわけにはいかない」と発言した籾井《もみい》NHK会長の例もある。

権力によって報道の自由が奪われれば、次は言論の自由が奪われ、行き着く先は戦争だ。私たちはそれをわずか70年前に経験し、「戦争のためにペンを取らない」と誓ったのではなかったか。民主主義の根幹である報道の自由を守るという、重い責任を自覚しながら仕事をしていきたい。

＊集中協議

政府と沖縄県は、2015年8月に1カ月間、名護市辺野古における新基地建設工事をすべて停止し、両者が話し合う「集中協議」期間とすることに合意した。政府が工事作業をすべて止める代わりに、沖縄県も前知事が行った埋め立て承認を取り消す作業を停止する内容だ。

合意を主導した菅義偉官房長官には、安保法案を成立させるまで支持率に響く要因は除いておこうという時間稼ぎと、その間に沖縄側を〝説得する〟意図が透ける。では沖縄側はどうなのか。

安倍政権になって「粛々と」、強行に進められてきた工事が今回、初めて止まった。安倍政権は発足以降、「決められる政治」と表明して、新基地建設作業を進めてきた。

2014年夏に地盤を調査するボーリング調査を始め、この夏にも海に土砂を入れる本格的な埋め立て作業をすると繰り返してきた。辺野古では連日、数十から百人超の人たちが座り込みをするという、強い反対運動が続いているが、今まではそれが全国的な政治課題とはみなされなかった。

その安倍政権が1カ月にせよ、沖縄側と協議をする姿勢を見せたのは、安保法制の強行姿勢に対する世論の厳しさだ。

安保法案を通すために、支持率低下につながる問題はできるだけ避けようとした項目の一つが「沖縄」であったわけだ。つまり沖縄の基地問題が安倍政権の〝アキレス腱〟の一つとなったことが可視化された。

翁長知事は8月7日の安倍首相との会談後、沖縄の米軍基地の歴史や米軍の抑止力について1カ月の協議で話したいと述べた。

あくまで工事を強行したいという安倍政権と、「辺野古は造らせない」と主張する翁長知事で協議が進展するかは見通せない。ただ、国内世論が安倍政権に厳しい目を向ければ、新基地建設は強行できないことは見えてきたのではないか。沖縄の将来を決めるのも日本の世論なのである。

＊万策は尽きていない

米軍普天間飛行場の移設に伴う名護市辺野古への新基地建設をめぐり、国と沖縄県の法廷闘争が始まった。国が県を訴えた代執行裁判の初回弁論では、沖縄の過重な基地負担を訴える翁長雄志沖縄県知事に対し、国側代理人は「防衛や外交は国の専権事項」と突き放した。裁判は越年し、両者の対立が深まることは間違いない。

翁長知事が2015年10月、前知事による辺野古の海の埋め立て承認を取り消したことで、二つの法律闘争が起きている。一つは行政不服審査法に基づくものだ。政府は知事の取り消しを〝取り消す〟よう求め、国土交通大臣は「知事の取り消し」の効力停止を決定した。

行政不服審査法は本来、「私人」が国を相手に起こすもので、国民の権利を守るための制度だ。しかし、今回は防衛省が「私人」の立場で、同じ国の機関である国交省に申し立て、認められた。大学教授ら93人の行政法研究者は、政府の手法は「行政不服審査制度の濫用だ」との声明を出した。

次に、安倍政権は「伝家の宝刀」ともいうべき強行策を打ち出した。埋め立て承認の取り消し自体を「違法」とした、地方自治法に基づく「代執行《だいしっこう》」訴訟だ。代執行は国が自治体首長の権限をはく奪するものだ。

国の施策と対峙《たいじ》した地方自治体に「国に逆らうなら首長の権限を奪う」といわんばかりで、政府による強権発動に思える。

国と裁判で争って、一県が勝てるか。そんな声も少なくない。確かに厳しいだろう。

先日、新基地建設に反対する市民らが座り込みを続ける名護市辺野古に、翁長知事の妻・樹子《みきこ》さんが訪れた。琉球新報の記事を引用する。

【樹子さんは、翁長知事との当選時の約束を披露した。「(夫は)何が何でも辺野古に基地は造らせない。万策尽きたら夫婦で一緒に座り込むことを約束している」と語りかけると、市民からは拍手と歓声が沸き上がった。「まだまだ万策は尽きていない」とも付け加えた樹子さん。「世界の人も支援してくれている。これからも諦めず、心を一つに頑張ろう」と訴えた。】

そう、万策は尽きていない。

＊宜野湾市長選挙

米軍普天間飛行場の名護市辺野古への移設をめぐって、政府と翁長雄志沖縄県知事の「代理戦争」とも言われた2016年1月24日の宜野湾市長選挙。結果は安倍政権が全面支援した現職の佐喜真《さきま》淳《あつし》氏が、翁長知事が支援した新人・志村恵一郎氏に大差で勝利した。

辺野古移設の是非が争点とされた選挙だったが、実際は争点が見えにくい選挙だった。志村氏は明確に反対を打ち出したが、佐喜真氏は最後まで賛否を明言しなかったからだ。

琉球新報の投票日当日の出口調査では、辺野古移設に「反対」と答えた人は56％を占め、「賛成」は33％にとどまった。辺野古移設に反対する層のうち、2割が現職の佐喜真氏に投票した。投票で最も重視した政策は「普天間移設問題」が55％で最も多く、その層のうち4割が佐喜真氏を選んだ。

佐喜真氏が辺野古移設の是非を示さず、争点化を避けた戦術が奏功したと思われる。逆から見れば、辺野古移設に「賛成」とすれば、沖縄では選挙に勝てないことを佐喜真氏自身も政府与党も十分わかっているから、ともいえる。

選挙戦は自民党が国政選挙並みの布陣をした。とりわけ、水面下での選挙戦は激烈を極めた。自民党は告示に先立つ1月7日、参院に国会議員を集めて宜野湾市長選に関する会合を開いた。谷垣禎一同党幹事長は「宜野湾は今年の一連の選挙の皮切りとなる重要な選挙だ」とげきを飛ばし、沖縄に入って選挙運動を支援するよう呼びかけた。茂木《もてぎ》敏充選対委員長は「普天間については『返還』と言うように。『移設』という言葉は使わない」と念を押し、辺野古移設への賛否を封印し、普天間飛行場の早期返還を全面に訴える「ワンボイス」で選挙戦を勝ち抜く戦略を打ち出した。

こうした政府与党の意向を受けて、沖縄入りした自民党国会議員は閣僚経験者も含め、確認できた数だけで30人以上におよぶ。が、ほとんど表に出ず、大半が来県前に決めていた企業まわりを徹底した。

国会議員が表に出なかったのは、２０１４年1月の名護市長選の反省がある。

辺野古移設が最大の争点になった名護市長選では、移設推進派の新人を応援するため名護市入りした石破茂幹事長（当時）が「名護市に５００億円の振興基金を創設する」とぶち上げた。これは財源の裏付けもないことがすぐに明らかになったのだが、名護市民からは「金で票を買うのか」という反発とともに「よそ者に市政を左右されたくない」という、自己決定権ともいうべき意識が働いたのだ。

こうした市民意識を政府与党は十分研究したと思われる。街頭演説に立ったのは、高い人気を誇る小泉進次郎党農林部会長のみ。ほかの議員は、建設や看護、教育といった強みを持つ業界の関係先を訪れ、票固めに取り組んだ。

候補者である佐喜真氏ですら、街頭に現れる機会は少なく、もっぱら企業まわり、地域まわりに終始した。宜野湾市長選挙を取材に訪れた在京テレビ局スタッフが、「3日間、宜野湾に入って街頭演説の絵は1回しか撮れなかった」とぼやくほどだった。

表舞台には立たず、水面下の活動に徹する〝ステルス作戦〟で着実に票を固めたのだ。

これに対し、志村陣営は翁長知事自ら連日市内に入ったが、新人の名前を浸透させるに至らなかった。県内外からの支援者が多いことが、今回は逆に相手陣営から「よそ者の選挙」と攻撃される材料まで生んだ。

しかしながら、いくら争点ぼかしをしたといえど、選挙結果の〝解釈〟は政府与党に有利だ。政府は沖縄の直近の民意を言い始めている。

菅義偉官房長官は選挙翌日の記者会見で「オール沖縄という形で沖縄の人が全て（辺野古移設に）反対のようだったが、言葉が実態と大きくかけ離れている」と翁長知事をけん制した。

自民党沖縄県連会長の島尻安伊子沖縄担当相は翁長知事に対して、「現実的な解決方法として辺野古移設も選択肢に加えてほしい」と辺野古移設を容認するよう求めた。

防衛省幹部は「もう（辺野古移設）工事を躊躇《ちゅうちょ》することはない」と強調し、辺野古の海の埋め立て工事に着手したい考えを示した。

しかし、宜野湾市長選の結果を「辺野古移設賛成が上回った」と読み取ることは、沖縄の民意を見誤るものだ。沖縄では２００９年以降の国政、県知事、市長選挙いずれでも、「辺野古移設賛成」を堂々と掲げて当選した候補者はいない。それは沖縄の民意として辺野古移設反対が強いことを示している。

安倍政権は裁判闘争に勝って辺野古移設を進めようとしているが、短絡的な見解で移設を強行すれば、沖縄との間に回復不能な亀裂を生む。移設問題は日米安保体制のあり方のみならず、この国の民主主義や地方自治のありようも問いかけている。

＊和解協議の行方

辺野古新基地の埋め立てをめぐる代執行訴訟で、安倍晋三首相は工事中断を含む和解案に応じ、国と県の間で２０１６年３月４日に和解が成立した。

在京紙では、参院選に向けて柔軟姿勢を見せたなどの論調が目立った。しかし、沖縄ではそのようなとらえ方はなされていない。敗訴間近に追い詰められた国が代執行訴訟からは撤退し、仕切り直して、再度〝勝てる裁判〟をする――という冷徹な計算に基づいた決定だと考えられている。

それは和解案を見れば分かる。福岡高裁那覇支部の多見谷《たみや》寿郎裁判長は和解案として「恒久案」と「暫定案」を出した。

「恒久案」は、辺野古新基地を造った上で、軍民共用にするか使用期限を設けるかを日本政府が米側と協議するというもの。「辺野古に基地を造らせない」と公約した翁長雄志沖縄県知事が応じないのは明白だった。

「暫定案」は、国が工事を停止して代執行訴訟も取り下げた上で、県と協議をして結論が得られなければ代執行より強制力の低い手続きを踏んで、再度県に是正を求めるという内容だ。

代執行を簡単に言うと、地方自治体の首長が国の言うことを聞かない場合は、国は首長の権限を取り上げますよ、という強権的な手法だ。1999年に地方自治法が改正され、国と地方自治体はこれまでの「主従、上下」から「対等、協力」に変わった。その地方自治法で「ほかに是正する手段がないとき」と前置きをつけた上で、最後に残された国の強権が「代執行」なのである。

ほかの法的な手段を経ず、いきなり最終手段である代執行を求めた国に対し、裁判長は代執行以外の手段をすすめた。和解案には国に対して、「仮に本件訴訟で国が勝ったとしても（中略）延々と法廷闘争が続く可能性があり、勝ち続ける保証はない」と明記している。

裁判所からすれば、「代執行」にお墨付きを与える判決は出したくなかったのであろう。これが通れば、例えば、国が長野県に「公共の利益」と称して核廃棄物の最終処分場を造ることも、県知事の権限を飛び越えて可能になるからである。

那覇地裁の弁論の際、裁判長は違法確認訴訟で県が敗訴すれば県が確定判決に従うか、と問い、県は「従う」と答えた。

このやりとりを元に、裁判所は「代執行訴訟では国が敗訴しそうだが、是正の指示の取り消し訴訟になれば、国有利の判決もあり得る」というメッセージを込めたのではないか。

国が和解案通りに県と真摯《しんし》に話し合おうなどと全く考えていないことは週明けすぐに明らかになった。3月7日、国は辺野古の埋め立て承認を取り消した沖縄県知事の処分に対し、是正指示を出した。一度も県との協議のテーブルにつくことなく、次の法廷闘争に向かっているのだ。

ただし、今回の和解で埋め立て工事は1年近く止まるだろう。米側もさすがに安倍政権が約束した「5年以内の埋め立て完工、2022年の普天間返還」のシナリオを信じないだろう。これを機に、実現不可能な辺野古新基地建設を日米で見直し、真の仕切り直しをしなければならない。

＊奇妙な報道圧力

2016年4月に東京報道部から本社に戻ることになった。

3月初旬、後任の東京報道部長になる後輩がアパート探しのため上京した。赤坂にいい物件が見つかったと報告を受けた翌日、彼が意気消沈して現れた。聞けば、不動産屋から「大家が琉球新報には貸さないと言っている」と連絡があったという。管理会社による不動産屋への説明によると「大家は右寄り」だそうだ。最初に頭をよぎったのは沖縄2紙への報道圧力だった。さらに思ったのは一地方紙に過ぎない琉球新報が「こんなに有名だったの」という、うれしい（？）驚きだった。

2015年6月、安倍首相に近い自民党国会議員の勉強会で、講師の作家・百田尚樹氏から「沖縄の2紙はつぶさなあかん」という発言が出た。他にも高市早苗総務相から、テレビ局の電波を止めるとの発言が出るなど、政権の意に沿わないメディアに対する圧力が強まっている。そして圧力をかける側に共感する人も多くいるのだろうと感じた。

初の東京勤務で意気揚々と上京した彼を最初に襲った洗礼だった。私は「こんなに有名になったことを喜ぼう」と慰めるしかなかった。

しかし、彼が琉球新報のコラムで事の顛末を書いたことで、多くの反響があった。在京メディア6社から取材依頼があり、在京の県出身者から「うちの2階が空いているから使って欲しい」と温かい言葉もあった。

最終的に決めた部屋の大家は、「琉球新報や沖縄タイムスのような新聞社に貸したかった」

と家賃を下げてくれたという。

捨てる神あれば拾う神ありだ。報道圧力があっても、味方をしてくれる人もいると思え、勇気が出た。意見の違うものを排除する社会ではなく多様な意見を受け入れ、メディアの権力監視機能を今まで以上に強めていこう。

新年度のスタートにあらためて誓うことが出来た。

＊押しつけられた人たちの本音をさぐる

20年も国策に翻弄《ほんろう》され続けている住民の重いため息が聞こえるような結果だった。

日本政府が米軍普天間飛行場の移設先とする名護市辺野古の海に隣接して、久辺《くべ》3区と呼ばれる集落がある。久志《くし》、辺野古、豊原の3つの区だ。

2015年、安倍政権は名護市の頭越しにこの3区に直接計7800万円の補助金を出すことを決めた。名護市長は辺野古の新基地建設に強く反対している。そこで名護市の中でも「地元の中の地元」である久辺3区に基地を受け入れさせようと、なりふり構わぬ懐柔策をした。そして「地元は必ずしも反対ではない」という論を立てようとしている。

琉球新報は4月上旬、久辺3区の住民を直接訪ねて辺野古移設についてのアンケートを取った。若い記者たちの発案だった。

結果は辺野古移設を「条件付き容認」「推進」が合わせて47％で、「反対」42％を上回った。

しかし、この結果をもって「地元住民は賛成が多い」と見るのは早計だ。普天間の移設先について聞くと、県外・国外や即時閉鎖など辺野古移設以外の選択肢を挙げた住民が62％と最多で、辺野古と答えた住民は24％だった。6割以上が辺野古以外を望みながら、政府が移設作業を強行する中、あきらめや無力感に陥り、容認に転じた。

1996年に普天間の移設先とされた後、3区は移設に反対した。2006年には3区合同で「断固反対」を決議した。しかし政府の「アメとムチ」は続く。立派すぎる公民館を造る一方、反対派の市長が誕生すると再編交付金を凍結させた。

移設の賛否を巡って、住民は親兄弟でさえも対立し、地域が分断された。集落内で移設の話題はタブーだ。メディアの取材に応じるのはごくわずかで、多くは地域の目を気にして沈黙している。

辺野古に住む人たちの本音を聞きたい……。3日間、計8人の記者が、日が暮れても民家を訪ね、直接会ってアンケートを取った。多くの人が「普天間移設について聞きたい」と言うと、何も言わずドアをぴしゃりと閉めた。

しかし、記者たちが「これまで地域の一人ひとりに向き合って声を聞いていなかった。本音を聞かせてほしい」と気持ちをぶつけると、消極的だった人も徐々に複雑な胸の内を語り始めてくれたという。

少し長いが記事を引用する。

【豊原区の60代女性は「あの美しい大浦湾が壊されると思うと胸が痛い」と表情を曇らせた。子や孫に中南部に住むように言い聞かせている。今後、古里が危険な場所になるかもしれないから。「人生は諦めが肝心だよ」。女性はぽつりとつぶやき、戸を閉めた。

「正直に言っていい?」。辺野古区の60代の女性はいったん目をつぶった。「危険を伴う基地が来ること自体、何のメリットも感じない」と小さな声で話し始めた。「長いことこの地域に住んでいるけど、あからさまに反対と言うことはぎくしゃくするからね。私が話したことは誰にも言わないでね」

かつて移設に反対していた辺野古区の50代男性は、賛成に転じた。「基地を造って早くこの問題を終わらせてほしい」と目を伏せた】

基地を押しつけられた、3千人にも満たない小さな3つの集落。多くの人が自由に意見を言うこともできず沈黙せざるを得ないほど、この国の政府は住民を追い込んだ。

＊大人の責任を果たしていない

また事件が起こってしまった。元海兵隊員の米軍属による、女性暴行殺人事件だ。

米軍属のケネス・フランクリン・シンザト（旧姓・ガドソン）容疑者は、ウォーキング中だった20歳の女性を、強姦目的で背後から棒で殴り、草地に連れ込み刃物で刺して殺害し、遺体をスーツケースに入れて山中に捨てた容疑がもたれている。

容疑者は逮捕後、「2、3時間、車で女性を物色した」と供述しており、あらかじめスーツケースや刃物を用意していたことから、殺害を念頭に置いた計画的犯行だったとみられている。

この事件は沖縄に大きな悲しみと憤り、わが身を裂くような辛さを与えている。

現在の米軍普天間飛行場の返還移設問題のきっかけとなったのは、21年前の事件があったからだ。1995年9月、米兵3人が小学生の女児を強姦するという悲惨な事件が起きた。

同年10月、少女乱暴事件に抗議する県民大会で、大田昌秀知事（当時）は「行政を預かる者として、本来一番に守るべき幼い少女の尊厳を守れなかったことを心の底からおわびしたい」と述べた。少女の人権を私たち大人は守れなかった。集まった約8万5千人の人たちはつらい涙を流し、二度と犠牲者を出さないことが大人の責任だと考えた。

あれから20年がたって、若い命が犠牲になってしまった。胸がふさがる。あのとき誓った大人の責任を私たちは果たせていない。

被害女性の両親は「一人娘は、私たち夫婦にとってかけがえのない宝物でした」と告別式の参列者に宛てた礼状に記した。

「にこっと笑ったあの表情を見ることもできません。今はいつ癒えるのかも分からない悲しみとやり場のない憤りで胸が張り裂けんばかりに痛んでいます」。あまりにも悲しい。容疑者の元海兵隊員である米軍属は被害者と接点がなかった。女性は偶然、ウォーキングに出かけただけで残忍な凶行の犠牲になったのだ。

軍隊という極限の暴力装置に、あまりにも近くで暮らさざるを得ないこの沖縄。事件は沖縄の誰の身にも起こり得る。被害者は自分だったかもしれない。家族の悲しみ、痛みは私たちのものだ。

95年の事件をきっかけに、日米両政府は「沖縄の基地負担軽減」を繰り返し言ってきた。しかしこの20年、基地負担は減っていない。

在沖米軍基地の整理縮小を図る96年のＳＡＣＯ（日米特別行動委員会）最終報告で決められた基地の返還は、読谷補助飛行場やギンバル訓練場など一部にとどまる。最大の懸案である普天間飛行場は全く動いていない。

米軍人・軍属の特権を認めた日米地位協定は一字一句変わっていない。犯罪の被疑者の身柄の引き渡しも殺人や強姦などの凶悪事件に限って米側の「好意的配慮」によるとした運用改善だけだ。

20年間、沖縄の基地負担軽減は進んでいない。不平等な日米地位協定もそのままだ。

この事件後、本土メディアでは「この件は日米地位協定とは関係ない」という報道がいち早く出された。政府の意向を反映したものであっただろう。

確かに、容疑者は基地外の民間地に住み、沖縄県警が身柄を確保したことや公務外であったために、「起訴前の身柄確保」ができた。

しかし容疑者は証拠となるスーツケースを基地内のゴミ処理場に捨てたという。その現場を沖縄県警は（つまり日本の警察は）捜索できない。

県警は米軍から出たゴミを処理する基地外の処分場へ運ばれたところで捜索するしかなかった。今のところ、証拠品となるスーツケースは見つかっていない。

地位協定の壁はあるのだ。

軍隊と住民は共存できないという事実を、沖縄は繰り返し思い知らされてきた。命と人権を守ることは最も大事な大人の責任だ。もう悲しくつらい犠牲は誰にも負わせたくない。

※この章は、「新婦人しんぶん」の【女性&メディア】、長野のメールマガジン【看雲想】などへの寄稿原稿をもとに構成している。

V章

金《きん》口《こう》木《もく》舌《ぜつ》

【沖縄点描】

人魚のモデルといわれるジュゴン。新基地建設が計画されている辺野古沖や大浦湾が生息の北限といわれる（国指定天然記念物　©OCVB）

【金口木舌（きんこうもくぜつ）】は琉球新報に連載中の1面コラムタイトル。中国北京の国子にあった時鐘に由来する言葉で、警世の鐘という意味。木鐸とも同義語になる。またすぐれた言論で、世の人を指導する人のたとえ。日々のニュースや話題を素材に琉球新報の記者が交替で、ニュースや社説などとは異なる角度から執筆している。琉球新報では1908（明治44年）9月1日付紙面から掲載されている。

朝日新聞＝天声人語、毎日新聞＝余録、讀賣新聞＝編集手帳、日本経済新聞＝春秋、産経新聞＝産経抄、東京新聞＝筆洗、沖縄タイムス＝大弦小弦など、全国各紙で同様のコラムが設けられている。

ここでは、島洋子が2011年4月より担当執筆した中から、2014年〜16年3月を選抜して掲載する。

2014年

＊高齢者が地域で暮らすには

「おばあちゃんが動き回って、家族全員へとへとよ」。知人がこぼした。認知症の症状が出た祖母は夜も外に出たがり、家ではおなかを壊すほど食べてしまう。常に監視が必要で家族は気の休まる暇がない。

人ごとではない。65歳以上の7人に1人が認知症との推計がある。超高齢社会で家族がそうなる可能性もある。それでも自宅でみとりたいと頑張る人に冷や水を浴びせる判決が昨年出された。

認知症で要介護4だった91歳の男性がＪＲ東海道線の線路に進入し、列車にはねられて死亡した。裁判所はＪＲ東海の訴えを認め、男性の遺族に振替輸送などの損害約７２０万円の支払いを命じた。

事故は男性の長男の嫁が片付けをし、85歳の妻がまどろんだ、わずかな時間に起きた。家族が協力しても一瞬の隙《すき》はあろう。完全に防ぐには拘束しかない。判決後、長男は訴えた。「父は住み慣れた自宅で生き生きと過ごしていたが、それは許されないことになる」と。

自民党の憲法改正草案は、現憲法にない規定「家族は互いに助け合わなければならない」を入れた。助け合いを否定するつもりはないが、家族の責任がことさらに強調される社会に危うさを感じる。

介護が施設から在宅に移る中で、家族介護のリスクは顧みられなかった。事故は控訴審で争われているが、私たちにも高齢者が地域で暮らせる社会をどうつくるかが問われている。

（２０１４年２月27日）

追記：この裁判は２０１６年３月１日、最高裁が遺族に賠償責任はなしという判決を出した。

＊袋中上人の保育園

京都鴨川のほとり、祇園の近くに檀王法林寺《だんのうほうりんじ》という寺がある。エイサーの起源とされる念仏踊りを沖縄に伝えた袋中上人《たいちゅうしょうにん》が４０２年前に開いた。

福島生まれの袋中上人は１６０３年に来琉し、３年の滞在中に尚寧王《しょうねいおう》に厚遇され、仏教の言葉を分かりやすく唱えた念仏踊りを広めた。

寺の境内にだん王保育園がある。ここは京都で最初に夜間保育を始めた園だ。戦後の混乱が収まらない１９５２年当時、生活のため夜に働かざるを得ない親が多くいた。

親の一人が住職に訴えた。「仕事に出る間、子どもを柱にくくりつけている」と。そうした子を集めて保育を始めると、夜は親が見るべきだ、保母に深夜労働を強いるのかと批判も出た。

しかし住職の信《し》ヶ《が》原《はら》良文《りょうぶん》さんはひるまなかった。「じゃあ、あなたがこの子たちを見ますか」。息子で現住職の雅文さんは「弱い立場の人を救おうとした袋中上人の教えを受け継いだだけ」と話す。

ベビーシッターに預けた幼児が亡くなるという痛ましい事件が起きた。子の預け先を探す母親が頼ったのは、インターネットで仲介されるベビーシッターだった。メールでやりとりするだけのよく知らない人に子を託す現実がある。

必要に迫られ、ネットに頼らざるを得ない親の事情もあろう。そもそも昼間預ける保育園も不足している保育環境だ。保育制度の行き届かない場所で幼子が犠牲になる。この社会を変えるのが、大人の責任だ。

（２０１４年３月21日）

＊夏にも見たい奄美の子たち

甲子園のアルプススタンドでひときわにぎやかなのが沖縄勢だが、今年の春のセンバツ1回戦は、奄美の大応援団に勝ちを譲る。7回に1点返したときは甲子園中が沸き立った。声援を背景に大島っ子が意地を見せたセンバツだった。

鹿児島県の離島から初めての出場となった大島高校。全校生徒は船と高速バスを乗り継いだ。関東在住の出身者は「生きているうちに出場できた」と喜び、バス10台を連ねて乗り込んだ。6千のアルプス席は埋まり、通路を挟んだ外野にもあふれた。

沖縄と同様に野球が盛んな土地柄だが、甲子園は遠かった。有力な選手は高校進学で島を出てしまう。7年前に中学3年の選抜チームを編成して引き留めを図ったが、それも3年で消えてしまった。

しかし「地元に残って野球がしたかった」と、県内外の強豪校からの誘いを断り、島から甲子園を目指す道を選んだのが現在の選手たちだ。

鹿児島市までフェリーで約11時間の島には高校が4校しかない。遠征費用や実戦経験で大きなハンディを背負う。かつての沖縄のチームも味わったことだ。沖縄の指導者や選手たちは逆境をはね返し、毎回上位をうかがうほどに成長した。

2013年12月に復帰60年の節目を迎えた奄美群島。初の甲子園は大きな記念になっただろうが、これに満足せず常連校になってほしい。島を愛する子どもたちを夏にも見たい。

(2014年3月27日)

＊被爆クスノキの歌

木の生命力が人々を勇気づけることがある。東日本大震災の津波に耐えて名勝・高田松原の約7万本の松で唯一残った「奇跡の一本松」は、被災者に希望を与えた。長崎に投下された原爆の爆心地から約800メートルにある山王《さんのう》神社に2本の大木がある。原爆の熱線で焼け焦げ、幹も枝も吹き飛ばされ、枯れたと思われた。

2年ほど経て新芽が出た時、人々はクスノキに抱きついて喜び「被爆クスノキ」と名付けた。その苗木は平和の象徴として全国に渡り、沖縄市や北谷町でも被爆クスノキの2世が植えられた。

歌手の福山雅治さんが被爆クスノキをテーマにした新曲「クスノキ」を出した。

「涼風も　爆風も／五月雨も　黒い雨も／ただ浴びて　ただ受けて／ただ空を目指し」

つらい運命を乗り越え、たくましく育つ樹木の姿を歌う。長崎市出身の福山さんは父親が被爆したという。先日のラジオ番組では「当事者として……。僕らは被爆2世と呼ばれている。そういう人じゃないとなかなか書かないだろう」と話した。

原爆を題材にした漫画「はだしのゲン」を学校で閲覧制限するなど、子どもたちの目から、原爆や戦争のむごたらしさを覆い隠そうとする動きがある。目隠しされて戦争や原爆の実相が忘れられていくとすれば、私たち〝戦後2世〟の責任だろう。いま伝えなければならないことをあらためて考えたい。

（2014年4月4日）

＊「うま味」を伝える料理人

「子どもたちに好きな料理を聞いたらカレー、ハンバーグ、スパゲティー。和食は一つも出ない。このままでは日本料理は滅ぶと思った」。こう話すのは京都の老舗《しにせ》料亭「菊乃井」主人、村田吉弘さんだ。

2013年、和食がユネスコの世界無形文化遺産に登録された。村田さんはその立役者の一人だ。日本料理アカデミー理事長として登録に向け活動してきた。が、村田さんは「これからが出発」と言う。主目的は子どもの〝食育〟だからだ。

和食の神髄は昆布やかつお節からとる「うま味」だ。欧米では味覚としての認知が低かったが、今や甘み、苦み、酸味、塩味に次ぐ第5の味覚として注目される。私たちの味覚の原点である母乳にもうま味成分は多く含まれる。

しかし日本の食が洋風化する中、村田さんは「子どもたちが『うま味』を失ってしまう」と危惧する。アカデミーでは小学校にプロの料理人を派遣し、子どもたちにかつお節から出汁《だし》を取らせ、「うま味」を教える。

豚肉とかつお節の合わさった、沖縄そばの出汁の香りが好きな人は多かろう。舌が覚えているだけでなく、限られた素材をおいしく食べる知恵が「うま味」なのだ。

出汁を生かした料理法により和食は低カロリーで栄養バランスが良く、長寿の源にもなった。世界遺産となった「うま味」の魅力が次世代で失われるのは悲しい。沖縄でも食文化を伝える工夫が必要だろう。

（2014年4月24日）

＊米国は沖縄にどんな軍事基地を置いているのか

「米国は沖縄にどんな軍事基地を置いているのか」と聞いたら、海軍の大尉は「何もない」と答えた。驚いて聞き返すと、「沖縄に軍事基地があるのではない。沖縄そのものが軍事基地なのだ」との答えが返ってきたという。

キッシンジャー米大統領補佐官の腹心として沖縄返還交渉に関わったモートン・ハルペリン氏がこのほど、1966年当時の逸話を紹介した。

「米軍は沖縄全体を米国の軍事基地だと認識していた。だから基地は置きたい所に自由に置いた。沖縄の市民の心配など一切考慮することなくね」

戦後、米軍は〝銃剣とブルドーザー〟で住民の土地を強制的に軍事基地に変えていった。アメリカ世《ゆ》からヤマト世に替わった今も、強権で奪い取る基地政策の本質は変わらない。外国軍が傍若無人《ぼうじゃくぶじん》に振る舞う沖縄とは何なのか。

しかし悲観することはない。名護市辺野古への新基地建設について、ハルペリン氏は「私は間違っていると思う。米軍はそういう基地を長年欲しがっていた。でも市民に望まれていない中で実行するのは考えられない」と述べた。

2014年1月、言語学者ノーム・チョムスキー氏ら世界の知識人が辺野古移設反対の声明を発表した。沖縄の非暴力的な抵抗は、日米の為政者を除き世界で共感を広げつつある。

きょうは日本復帰42年の節目。いばらの道は続くが、胸を張って歩み続けよう。

(2014年5月15日)

*外界志向、志、チャレンジ精神

江戸の豆腐屋七兵衛が貧乏長屋をのぞくと25~26歳の若者が、朝から晩まで書物を読むか筆を執っている。話を聞くと「勉強して世の中を良くしたい」と言う。それなら出世払いでいいからと豆腐や握り飯を毎日差し入れた。

落語「徂徠《そらい》豆腐」の若者は、8代将軍徳川吉宗に政治的助言もしたという儒学者の荻生《おぎゅう》徂徠がモデル。この話が人情話として庶民受けするのは、七兵衛がさりげなく、損得抜きで頑張る若者を応援するからだろう。

東京のウチナーンチュにも若者の支援者がいる。日産ディーゼル工業元社長の仲村巌さんだ。私財を投じて「ロッキー・チャレンジ賞」を設け、沖縄の若者に目標となる人や団体に毎年100万円を贈る。今年で5回目。

選考基準は「外界志向、志、チャレンジ精神」と明確だ。「小さな島にこもらず広い世界に出て、高い志を育み、自身の能力や才能を伸び伸びと開花させてほしい」と願う。

「地元志向が強い」のはいまや全国の若者に見られる現象だが、仲村さんは「沖縄が尊厳を持って自立するには一流の人材を育てないといけない」と沖縄の若者の奮起を促す。

さりとて〝出世払いでいい〟とは言いにくかろうと思う。ところが、仲村さんは「年寄りがお金を握りしめているより、優秀な若者の方が何倍にも活用できるはず」と笑う。志の高い先輩の背中もまた若者の目標になる。

（2014年5月22日）

＊「丁寧説明」

本来の意味とは違う語法が永田町にはある。「善処する」は「何もしない」との意。「必要な時に必要な措置を講じる」も同様で「必要な時」は訪れないから結果として「何もしない」。「近いうちに」は「永遠にない」に等しいとか。

安倍晋三首相の「丁寧に説明していきたい」もその類いか。集団的自衛権の憲法解釈変更について「国民に丁寧に説明していきたい」と発言した。そういえば特定秘密保護法も、靖国神社参拝の時も「丁寧に説明」を繰り返していた。

2013年3月、米軍普天間飛行場の移設先とされる名護市辺野古沿岸の埋め立てを県に申請した時も、「丁寧に説明していかないといけない」と語っていた。

しかし安倍政権が、県民の7割が反対する辺野古移設について、県民に丁寧に説明した形跡はない。代わりに県出身・選出の自民党国会議員に公約を翻《ひるがえ》させ、予算と引き替えに知事に承認の判をつかせる、恫喝《どうかつ》と懐柔が際立っただけだ。

「丁寧に説明」を永田町用語で変換すると「国民、県民が何と言おうとやりますからよろしく」となるのだろう。説明を尽くした上で民意を問い、実行するという民主主義の手法をすっ飛ばす乱暴さだ。

国のかたちを変え、国民の生活を変える重大な政策決定を行うのに、説明不足の強硬策が通用するのだろうか。誤変換もはなはだしい永田町用語に民意はついていけない。

（2014年5月29日）

＊石敢當の教え

サラという愛らしい名とは裏腹に、相当どう猛な台風だった。1959年9月15日、宮古島を襲った台風14号は死者47人、行方不明52人を出し、島の7割の家屋を破壊した。17日の琉球新報には「木造校舎全滅」「老婆、嫁下敷きになり即死」などの痛ましい記事が並ぶ。その記憶を宮古島から離れた神奈川県の川崎駅前に見ることができる。

台風の翌年、沖縄出身者が多く住む川崎市で宮古災害救援の大運動が起きた。全戸10円以上の市ぐるみのカンパや街頭募金で約３５８万円を集め、宮古島に約1万ドルを贈った。宮古島はその返礼として石敢當《いしがんとう》を届けた。

石には「昭和41年の台風」と刻むが、それは第2次宮古台風のこと。川崎沖縄県人会の事務局長で、募金活動の中心となった古波津英興さんは「石敢當を招来した縁結びは（34年の）第1次宮古島台風」と記している。繰り返し被害を受けた沖縄に支援を続けたことがうかがえる。

半世紀余が過ぎ、建物は頑丈になり、防災意識も気象予報の技術も進んだ。しかしなお自然の猛威を見せつけられた台風8号だった。気象庁は台風で初めて「命を守る行動」を呼び掛ける特別警報を出した。

外へ出ない、危険箇所を把握する、早めに避難するなど命を守る行動はある。それでも被害は出る。嵐の爪痕を修復したのは助け合いの心だったことを、物言わぬ石敢當は教えてくれる。

（２０１４年７月10日）

＊官僚の骨壺の中身は

「何十年ぶりかのお墓開け清掃、孫たちが『中の骨つぼ空っぽだったよ』と言った」２０１３年11月28日付の琉球新報オピニオン面に載ったアンサーるり子さん（北中城村）の投稿だ。

骨壺には、祖母が最期を遂げたと思われる場所で拾った石を入れたという。遺骨さえなく、生きた証しが一個の石でしか示せなかった沖縄戦の事実が悲しい。

いま、墓まで持って行くと言えば「秘密」とされる。さてさて関わった官僚はそうするつもりなのか。沖縄返還をめぐる日米の密約文書のことである。最高裁は西山太吉元毎日新聞記者らの上告を棄却し、文書の開示を認めなかった。

米国ではすでに公開されている文書だ。沖縄返還交渉を担当した吉野文六元外務省アメリカ局長も日本側にコピーがあったと証言した。しかし国は「ない」と主張し続けた。「ない」と言うなら誰がいつ廃棄したのか明らかにするのが国の義務だろう。密約によって多くの税金が使われたのだから。

菅義偉官房長官は再調査を「考えていない」と素っ気ない。政府や官僚にとって都合の悪い文書は捨てればよいという前例を最高裁が担保した格好だ。国民は国が何をしたかを知ることができなくなる。

政治家や官僚の骨壺を開ければ国の秘密がゴロゴロなんて、冗談にもならない。心あるならば秘密は墓場でなく、国民の前で明らかにしてほしい。

（2014年7月17日）

＊魔力に対抗するカード

博打《ばくち》で儲けた大金を商売物のかまどに隠したままで成仏《じょうぶつ》できない男。夜な夜な化けて出た揚げ句、大金を見つけた男とばくちを打って結局巻き上げられる。落語の「へっつい幽霊」は死んでもやめられないほど賭博《とばく》好きな幽霊の話。

洋の東西を問わず賭け事に熱くなる人はいる。「サンドイッチ」は、語源となった伯爵がカード賭博に夢中になるあまり、ゲームをしながら食べられるように作らせたのが始まりと言われる。

気になる調査結果が出た。日本はギャンブル依存症の疑いのある人が成人の5％に上り、米国などに比べて際立って高かった。パチンコなどが身近にある環境が要因に挙げられている。

沖縄でも娯楽を通り越してのめり込む人がいる。不動産業を営む知人は起業後すぐ、遊技場の周囲に「土地買います」と看板を出した。先祖伝来の土地を売ってでもパチンコをという客が相次ぎ、効果大だったという。

秋の臨時国会でのIR推進法案（カジノ法案）審議入りを前に、沖縄を含め各地がカジノ誘致に手を挙げた。が、誘致派の最右翼だった東京都は慎重路線にかじを切った。カジノに対する世論を考慮したのだろう。

食事の時間を惜しむくらいならほほ笑ましいが、われを忘れて夢中になる人もいるのがギャンブル。カジノ誘致ではなく、依存症を招くほど強い魔力を封じるカードこそ必要だ。

（2014年8月28日）

＊私にとって必要な物

両親の引っ越しで驚いたのが物の多さだった。かつての子ども部屋は物置と化し、家具や客用の食器や古着がぎっしり。「いつかは使う」と言ったり、思い出を語り出したりで、整理は遅々として進まない。

今や「親の家の片付け」が新聞や雑誌で特集される。物のない時代に育ったが故の「もったいない」。家族の思い出があって捨てられない気持ちも分からなくはない。しかし使わない物をあふれるほど持つ生活とは何だろう。

フィンランド映画「365日のシンプルライフ」は人と物の関係を問う。26歳の青年ペトリは失恋を機に物であふれ返った部屋にうんざりする。全てを倉庫に預け、1日に一つだけを持ち帰り1年間何も買わないという実験を始める。

初日に全裸で倉庫に走って向かい、持ってきたのはコートだった。毎日一つを選ぶたびに「これは自分にとって必要か」と考える。監督・脚本・主演のペトリ・ルーッカイネンの実体験だ。

印象的なのは単なる窮乏生活ではないこと。ペトリによれば生活に必要な物は100個、生活を豊かにする物が100個。釣り道具は新しい彼女と楽しむために取り出す。

ペトリは「物を消費することによって自分を表現する」世代と言う。だが、限りある資源を考えれば今の消費文化が続くとは思えない。「これは自分に必要な物か」。誰にとっても必要な問いかけだ。

（2014年9月11日）

＊富を分かち合う発想は

他社の若い記者の問いかけに対する答えを何カ月も探しあぐねている。「衰退する地方や過疎地をなぜ税金を使って救わなくてはいけないのか」

その記者も地方出身。生まれ育った町は市町村合併され、郷里の名は消えた。数年間を支局で勤務し「地域おこし」をテーマにした記事を何本も書いた。地域を残そうと頑張っている人たちの気持ちは「分かる」とも。

「でも」と彼は言う。利用者の少ない山間道を建設し、「町おこし」と銘打ったイベントに金を出し、零細農家に補助金を出す。人口減少は目に見えているのに、金を投じるのは「無駄ではないか」と。

過疎地にも人の暮らしがある。生活を合理性だけで計ることはできない。地方の人口が消滅すれば、都市への人口流入がなくなり、いずれ都市も衰退する。その反論も、決定的な答えではない。

日本経済が先細りすると、若者は仕事がないか、あっても将来が見えない羽目に陥《おちい》る。「税金は恩恵を受ける人が多い所に投入すべきだ」という考えの裏には、若者が社会から受ける恩恵は少ないと感じるいら立ちもあろう。

長くもてはやされた「合理化」や「効率化」という言葉が、多数派がひたすら利を得る「弱肉強食化」でしかないとしたらつらい。皆で富を分かち合う発想は、この国から消えるのか。重い問いかけに、そろそろ答えを出さなくてはならない。

（2014年9月18日）

＊次の交渉は？

ワクワクしながら他国の投票結果を見詰めたのは初めてだった。新国家は生まれなかったが、民主的な手法を見せてもらった。英国からの独立を問うたスコットランド住民投票である。

投票前の英政府の対応が興味深かった。3カ月前には「どちらが得か」とキャンペーンを張った。英国残留なら約24万円の経済的恩恵があるとし、使い道12例をレゴブロックで表現した。

一つは海外のビーチで過ごす10日間の休暇。ビキニ姿の女性が日光浴し、日焼けクリームも買えると付け加えた。ユーモア交じりの呼びかけは逆効果だったかもしれない。ロイター電は、市民がツイッターで「よくも私たちをばか者扱いできるものだ」と語ったと伝えた。

世論調査で独立派が反対派を上回ると、キャメロン首相は通貨ポンドを使わせないとあらためて圧力をかけた。現地入りの際は「独立は悲痛な離婚だ」と情に訴えた。

沖縄の基地問題ならどうか。日本政府はまず金の話だろう。「名護に五百億円基金創設」とのたまったように。それが通用しないと、民意に反した新基地建設を「もう過去の問題」とつぶしに躍起。次は英政府に倣《なら》い圧力と情か。

独立派が負けたスコットランドだが、自治権拡大の約束は取り付けた。北海油田の権利や福祉の充実、非核化の願いはどう決着するか。圧力と情に負けないスコットランドの交渉力を沖縄も注視する。

（2014年9月25日）

＊早く見つけてあげられたら

支社勤務のころ、地域を回っていると防災無線から情報提供を求める放送が流れてきた。高齢の女性が2日前から行方不明になっているという。家族をはじめ自治会、女性が通う福祉施設職員らも総出で捜したが見つからない。

情報を求める記事を書いて数日後、女性の家族から電話があった。市内の空き家でうずくまって病死しているのが発見されたとのことだった。住宅街の外れの死角のような場所で発見が遅れたと沈痛な声だった。

福祉施設の職員も、日頃の行動範囲の外で思いが至らなかったと残念そうにつぶやいた。「早く見つけてあげられたら」と悔やまれた。今思えば、認知症による徘徊だったのだろう。

今や認知症は人ごとではない。しかし国の対策は現状に追い付けていない。身元が分からないまま保護されている人もいる。だが、身元確認のための顔写真公開も、多くの自治体は個人情報保護を盾に及び腰だ。

91歳の男性が徘徊中に列車にはねられて亡くなった事故では、ＪＲ東海がダイヤの遅れを損害として賠償請求し、当時85歳の妻の監督責任を認める判決も出ている。介護する家族にとって厳し過ぎる（81ページ参照）。

国は、患者や家族を手助けする「認知症サポーター」育成などの対策の検討に入った。家族だけに負担を負わせない仕組みづくりが急がれる。人生の最期が悔やまれる結果とならないために。

（2014年10月2日）

＊終活に挑戦

婚活、妊活、終活。「活」の字が活躍して久しい。これまで自然の流れで迎えた事柄も、就職活動のように自ら積極的に働きかけようと生まれた言葉が広がった特に終活は葬儀や墓関連のビジネスを巻き込んでブームとなった。しかし死や病という日本人が触れたくない話題を避け、表面的な話で終わっているように思えてならなかった。

長野県須坂市を訪れた。長野県は平均寿命で沖縄を抜き、今や男女とも日本一の長寿県だ。須坂市はそのきっかけになった「保健補導員」発祥の地として知られる。主婦らが補導員となって減塩運動を指導し、隣近所の健康づくりを支援する。

地域保健の先進地となった須坂を含めた3市町村の協議会は、自身が望む最期を生前に表明する「リビング・ウィル」を進めている。危篤状態になったとき、希望することをカードに記入しておくことで、本人の意思を尊重する仕組みだ。

体が衰え、食べ物を飲み込む力が弱くなると栄養補給に鼻チューブを使う。次は胃に穴を開け栄養を送る胃ろうだ。「生かされているだけ」と指摘する医師もいる。

試しにカードの7つの設問に記入してみた。「心臓マッサージなどの心肺蘇生《そせい》」は「してほしい」にマル。「胃ろうによる栄養補給」にはバツ……。設問に真剣に向き合った。小さなカードは自らのよりよい最期を考えるきっかけになる。


（2014年10月9日）

＊一字違いが大違い

手書きで記事を書いていたころのこと。記者がある立候補者の第一声を「福祉を重視し」と書いた。記事を入力する担当者はそのなぐり書き原稿の「重」を「無」と読み違えてしまった。誤りに気付き、刷り直したが「福祉を無視し」となった数万部の夕刊は無駄になった。今思い出しても冷や汗が出る。たった1文字で正反対の意味になる。そこが日本語の難しさであり、面白さでもある。

1文字で心の持ちようも変わる。東京の夜、大工哲弘さんのライブでつくづくそう思った。おなじみの「沖縄を返せ」を大工さんは「沖縄〝へ〟返せ」と歌う。いとも軽やかに方向が逆を向く。

復帰運動で盛んに歌われたこの曲が再び響き始めたのは1995年の少女乱暴事件からだ。

復帰後も米軍基地は残り、不平等な地位協定によって罪を犯した米兵の身柄確保もままならない。沖縄に主権は戻ってこなかった。

県民のやるせない気持ち、真の復帰を求める願いがこの曲をリバイバルさせた理由かもしれない。そして今も辺野古の浜で、基地のゲート前で、県庁を囲んで歌われる。

「沖縄を返せ～、沖縄へ返せ～」。大工さんの歌声に力みはない。スコットランドの住民投票を思い合わせて口ずさむ。「沖縄が沖縄へ返る」とは、自分たちの地域のことは自分たちで決められるということ。この歌が過去形になるのはいつの日か。

（2014年10月23日）

＊政冷観熱の時代に

積み上げられた日本製の菓子を争うように買っていく。家電製品にも人だかり。その名も「アキハバラ」という成田空港の免税店は、通り抜けるだけでも汗をかくほどごった返す。

圧倒的に多いのは中国からの観光客だ。店員によると、9月は炊飯器だけで3100万円売れた。訪日外国人向け消費税の免税対象が拡大され、食品や化粧品も免税になった。店員は「日本の菓子はアジアでは高級品。みんな段ボールごと買っていく」とほくほく顔だ。

意外と言っては失礼だが、成田は羽田空港の国際化で客を奪われたと思っていた。だが、実は格安航空会社（LCC）の乗り入れで2013年は過去最高の旅客数と発着回数を記録し、

２０１４年も伸びている。

旅客の増加に合わせ、免税店を拡大し「ナリタ買い」をアピールする。待合客のために日本文化の体験コーナーも設けた。来春はＬＣＣ専用第３ターミナルを開設する。

安倍晋三首相と中国の習近平国家主席の初会談は一切笑顔のない25分だったという。〝政冷経熱〟といわれた中国との関係は、中国の反日デモによる日本企業の撤退などで経済関係も冷え込んだ。

しかし中国からの観光客は完全復調し、今や〝政冷観熱〟となった。成田だけでなく全国の観光地が注目する。那覇空港第２滑走路の着工も予定される沖縄も例外ではない。商機を逃さない熱が必要だ。

（２０１４年11月13日）

＊拍手する側の大スター

石垣島を訪ねた高倉健さんが、富野小中学校の運動会に出くわした。見たことのない競技「ナワナエ競争」が始まる。

おじいさん、おばあさんが真剣な表情で縄をなう。子どもも大人も、みんな声を張り上げて応援している。いつの間にか健さんも手をたたいて応援していた。

「僕の仕事は俳優だから、よくひとから拍手される。でも、拍手されるより、拍手するほうが、ずっと心がゆたかになる」。随筆「沖縄の運動会」（集英社刊『南極のペンギン』）にこう記す。映画館を出た男たちはみな健さんと同じ歩き方になったという任侠映画のヒーローだった。やがて「幸福の黄色いハンカチ」で変身を遂げる。口下手で不器用だけれども優しさのにじむ男。雪降る中に立つだけで絵になる健さんに男は憧れ、女はほれた。

石垣の旅で星の美しさに感動した健さんは富野小中学校に望遠鏡を贈り、再訪して気付く。花壇もよく手入れされ、どこも掃除が行き届いている。

「ゆたかだなー、僕はそう思った。このゆたかな島に住む子どもたちには望遠鏡など必要ないかもしれない。僕は望遠鏡をおくったことを、少し後悔した」

205本もの映画に出演し、一時代を築いた大スターでありながら拍手する側の心を知り、豊かさの故も知っていた。健さんの映画で心が豊かになった者たちが天に拍手を送るだろう。

（2014年11月20日）

＊よいフェンスはよい隣人をつくる

沖縄の人間にとっては皮肉な感もする米国のことわざに「良いフェンスは良い隣人をつくる」がある。間にフェンスを挟むような適度な礼儀が良い関係を保つためには大切という意だ。

鉄条網を沖縄側に向けたフェンスの内側は戦後69年間、沖縄の良き隣人だったのだろうか。

在沖米軍が米兵の基地の外での飲酒制限を緩和した。

基地の外で酒を飲める時間を午前0時まで広げ、ビール2杯としていた酒量制限も撤廃した。上官と一緒なら午前5時まで外出できる。基地の外で大いに酒が飲めることになるだろう。

そもそも飲酒制限は2012年に本島内で起きた2米兵による女性暴行事件がきっかけだった。海軍兵2人が基地の外で飲酒した後、犯行に及んだ。米軍普天間飛行場にMV22オスプレイを配備した直後で沖縄の怒りが高まる中、日米両政府は事態を沈静化させる必要があった。

あれから2年。米軍が制限を緩和すると告知して以降、わずか11日間で住居侵入など飲酒がらみの米兵の事件・事故はすでに4件起きた。不安が募る事態だが、米軍は沖縄市長ら基地周辺の首長が制限の延長を求めても、決定を変えない。

「綱紀粛正《こうきしゅくせい》と兵士の教育を徹底する」という隣人の言葉はもう聞き飽きた。適度な礼儀を期待できないのであれば、事件・事故が起きないフェンスはもっと高くしてほしい。

（2014年12月11日）

＊体験の重み発信を

早朝の国会議事堂正門に、白い息を吐きながら初登院する議員の姿があった。正門は選挙後最初の召集日など特別な日しか開かない。選挙の関門を突破した議員たちには、まぶしい晴れ舞台だ。

話題の議員にメディアが群がるのもおなじみの光景。今回は「オール沖縄」の４氏を報道陣が幾重にも取り巻いた。自公が絶対安定多数を維持した今衆院選で、自公が全４選挙区で敗れた沖縄の注目度は高い。

中でも新人の仲里利信《なかさととしのぶ》さんを多くの記者が取り囲んだ。衆院議員では亀井静香さんに次ぐ77歳。初当選組ではもちろん最年長だ。戦争を肌で知る世代がほとんどいなくなった国会の中で、戦争体験が政治家人生の原点となった人でもある。

沖縄戦末期、宜野座《ぎのざ》に避難したのは7歳の時。日本兵に追われガマを出た。家族とはぐれ、食料もない山をさまよった。母は母乳が出なくなり、弟は満1歳で餓死した。父も戦争で失った。

第1次安倍政権下、高校歴史教科書で「集団自決（強制集団死）」の記述を検定で削除した問題が起きた際にはいち早く反対を訴え、撤回を求める県民大会の実行委員長を務めた。

来年の国会では、集団的自衛権の行使を容認したことを踏まえた安全保障関連の法律が議論される。第３次安倍政権の国会に一席を占める仲里さん。体験の重みを戦後70年の国会で発信してほしい。

（２０１４年12月25日）

2015年

＊未来に何を残すのか

自動車は空を行き来し、若者は宙に浮くスケートボードを楽しむ。1989年公開の映画「バック・トゥ・ザ・フューチャーII」で、主人公がタイムマシンで降り立ったのは2015年。そう、ことしだ。

若き日に見た約30年後という設定の近未来は、ワクワクする先端技術にあふれていた。車の燃料は生ゴミを入れるだけ。犬の散歩はロボットの仕事。靴ひもは自動で結べる。

残念ながら、宙に浮かぶスケボーなどはお目見えしていないが、片手で持てるコンピューターや指紋認証の扉は実現した。人類の英知は1年でどれだけ進むのか。正月休みに想像するのも楽しい。

決断の年を経て、新しい年が巡ってきた。名護市長選から始まり、名護市議選、県知事選、衆院選と、米軍普天間飛行場の名護市辺野古への移設が争点となった選挙では、全て移設反対を訴える候補が勝利した。民意を示し、ウチナーンチュの誇りを掲げた年でもあった。

ことしは決断の覚悟を問われるだろう。政府が「粛々と」と言い続ける海の工事を止めるのか。さまざまな圧力も予想される中、大人の責任がより一層問われる。

映画は、今の行動が未来を決めるというシンプルなメッセージを伝えた。2015年。未来に何を残すのか。タイムマシンで降り立った子どもたちから「素晴らしい沖縄をありがとう」と言われる初夢を見たい。


（2015年1月1日）

＊ナポリタンの春

冷蔵庫に大した物が見当たらない昼時。食卓に登場するのはスパゲティナポリタンという家庭も多いのでは。残り野菜で手早く作れてケチャップのおかげで味も決まる。正月明けの舌には新鮮だ。

東京の弁当ではあまり見掛けないが、沖縄では付け合わせの定番。Aランチの〝主要メンバー〟でもある。本家イタリア・ナポリにはパスタにケチャップをからめる料理はないという。

戦後、米軍が持ち込んだとか、米軍人に供するために日本人が生み出したなど諸説ある。いずれにせよ、子どものころから慣れ親しんだ味である。そんなナポリタンも、ちょっぴり高価な一皿となりそうだ。

大手各社のパスタや即席麺、食用油が今月から値上げされた。2月には冷凍食品が、4月にはトマトケチャップが約25年ぶりに値上げされる。円安を背景にした原材料や包装資材の高騰などが原因である。

2014年4月の消費税上昇分の価格転嫁《てんか》も進む。小麦は国際相場上昇も追い打ちとなった。身近な食品だけでなくティッシュペーパーなどの日用品も、バスの定期代も上がる。家計には厳しい春となる。

物価上昇に見合う給与の引き上げはアベノミクスの要だが、賃上げは追い付いておらず、実質所得は目減りしている。春には給与アップということになるのか。ナポリタンが庶民の味であり続けるよう、手早く決めていただきたい。

(2015年1月8日)

＊一途に生きる女性たち

思春期の娘と父親の葛藤はどこの家庭にもあるだろうが、土佐に生まれた父娘には家業が暗い影を落とした。父は「芸妓《げいぎ》娼妓《しょうぎ》紹介業」を営む。貧しい家の女性を花街へあっせんする仕事だ。

世間の目は冷ややかで、クラス代表になっても土壇場で降ろされたり、校則違反がないのに操行の成績が悪かったりした。娘は家業を恨み、父を憎む。

「口が裂けても父親の職業は人に明かすまいと子どもながらに決心した」

しかし48歳まで続いた出自への劣等感が小説家への道を開いた。生家や出生を余すところなく書いた自伝的小説「櫂《かい》」が、作家・宮尾登美子を誕生させた。

以来、女性を主人公にした多くの作品を生む。宮尾さんが描くのは、因習や運命に翻弄《ほんろう》されながらも芯の通った一途に生きる女性たち。着物の柄行きで女の気持ちを表現するような細やかな筆致も魅力だった。

沖縄と土佐・高知は黒潮の恩恵を受け、海を行き来して交流した歴史を持つ。そのためか宮尾さんが描く土佐の女も身近に感じる。逆境にあっても強くしなやかな沖縄の女性たちに通じるものがあるのかもしれない。

いい作品を生むために「血を流し、痛みに耐えながらその姿を人前にさらす勇気がなくてはならぬ」と決めた宮尾さんも芯の通った土佐の女性だった。運命を泳ぎ切った父娘はいまごろ仲良く語らっていることだろう。

（2015年1月15日）

＊青い波は来るか

再度のテロも懸念されたが、50カ国の首脳らは臆しなかった。風刺週刊紙銃撃に抗議するパリのデモで、世界は一致して反テロを掲げた。

オランド仏大統領や英、独首相に加え、対立するイスラエルのネタニヤフ首相とパレスチナ自治政府のアッバス議長も行進した。首脳を送らなかった米は「オバマ大統領は後悔している」と認めた。

フランス人権宣言でうたう表現の自由は革命で血を流して得た権利だ。イスラム教への配慮不足に批判はあるにせよ、大統領自らが表現の自由を守る姿勢をデモで示したことに意義がある。

非暴力を貫く訴えを近代で初めに説いたのはロシアの作家トルストイという。その影響を受けたインド独立の父ガンジーを「世界で行われている活動の中の最も重要なものと信じる」と書簡で励まし、デモは世界に広まった。

変わって日本は政権与党の幹事長が「絶叫デモはテロと変わらない」と言い放つお国柄だが、国会周辺は1月17日、赤に染まった。赤いファッションの女性が「女の平和」を訴え、議事堂を囲んだ。集団的自衛権の行使容認など「戦争ができる国」への不安が女性たちを動かした。同じく25日には「辺野古に基地はつくらせない」国会包囲がある。こちらは青い物を身に着けてと呼び掛ける。2千人いれば国会を囲めるという。

大浦湾の海を思わせる青が変化をもたらす波になるといい。

（2015年1月22日）

＊こまごました議論

政治家にとって、言葉は発した通りの結果を表す〝言霊《ことだま》〟にもなる。だからこそ議論し、思いを込めたのだろう。戦後50年を迎えた1995年。村山富市首相は戦争に対する日本の反省を表明したいと案を練る。アジア各国に対して「植民地支配と侵略」を謝罪した村山談話だ。

村山氏の回顧録によると、最も議論したのは「侵略」の表現。「侵略的行為」とぼかすか、「侵略戦争」にするか。官房長官や官僚らも交えて細部に神経を使い、言葉にこだわった。

村山談話は中国、韓国だけでなくアジア諸国に受け入れられ、戦後60年の小泉談話にも継承された。村山氏は歴代内閣が村山談話を無視できない理由として「外交関係を維持し発展させるためにはこれ以外はない」とみる。

ことし、戦後70年の首相談話を検討中なのは安倍首相だ。先日のインタビューでは「植民地支配や侵略」「痛切な反省」など歴代内閣のキーワードの継承に否定的な考えを示し、「こまごました議論」と切って捨てた。

与野党からの批判を懸念したか、1月28日の参院本会議では「歴代内閣の立場を引き継いでいく」と表明した。「先の大戦への反省」などを「英知を結集して書き込む」と述べた。

国内外が注視する談話には安倍首相の歴史認識が反映される。日本外交にも大きく影響する。

宿る言霊の行方は「こまごました議論」では済まないはずだ。

（2015年1月29日）

＊住民投票で決めること

小中学校にエアコンが必要か否かが住民投票で争われる。埼玉県所沢市の話だ。航空自衛隊入間基地に近い市は「夏場はうるさくて勉強に集中できない」という声を受け、学校のエアコン設置を計画した。

しかし新しい市長が取りやめた。「福島の原発事故後は節電に努めるべきだ」と主張。加えて市負担分だけで約30億円かかると訴える。

米軍普天間飛行場の周辺で取材をした身としては、軍用機のうるささは身に染みて分かる。しかしながら節電の必要性にも一理あるとは思う。いずれにしろ2月15日の投票で市民の意思が示される。

住民投票という言葉をよく聞く。暮らしに密着した課題を住民による「直接民主主義」で決めたいという思いからか。東京都小平市では道路建設の是非を問うたし、大阪は都構想を諮《はか》る。

沖縄では国策に対する意思が示されてきた。1996年の県民投票では89％が基地の縮小に賛成した。97年の名護市民投票は普天間飛行場の移設反対が過半数を占めた。だが民意は国策に反映されなかった。だからこそ普天間問題は20年近く経ても解決しないのだろう。

今月また、国策に対する住民投票が与那国町である。陸上自衛隊の配備の賛否を問うものだ。住民投票に法的な拘束力はない。が、国策を進める側に民意をくみ上げる努力が必要なことは言うまでもない。

（2015年2月12日）

＊昔の名前で出ていませんが

「京都にいるときゃ忍と呼ばれたの、神戸じゃ渚と名乗ったの」――は小林旭さんのヒット曲「昔の名前で出ています」だ。作詞の星野哲郎さんは、店をくら替えしたホステスさんからの電話で、前と同じ名前で働いていると聞いて着想した。

同じ女性でも名前が変わると違う人に思えるから不思議である。だからこそ店を変わるたびに心機一転となるのだろう。さてこれも心機一転策か。

政府は、働く時間でなく成果で評価する「高度プロフェッショナル制度」の導入を目指す。呼び名は変わっても内容は「残業代ゼロ」制度だ。8年前の第1次安倍政権は「ホワイトカラー・エグゼンプション」と銘打ったが、「過労死促進法」などと世論の猛反発を受けて断念した。

今回は対象者を年収1075万円以上、高度な専門職などと限定する。だが派遣労働の規制緩和では対象職種が徐々に広がり、ついには製造業も対象になった。当初の限定がそのまま続くと考えるのは素朴すぎる。

評価が成果だけだと成果が上がるまで仕事を終えられない。結果として長時間労働を招き、働く人の健康を脅かすのではないか。不安は消えない。

星野さんは、飲み屋の扉が開かない時におかみが言った一言を歌詞にした。水前寺清子さんの「おしてもだめならひいてみな」だ。働き方の根幹に関わる問題である。一歩引いて、働きやすい世の中を考えてみてもいい。

（2015年2月19日）

＊物言える社会

「私は16歳の時に自殺未遂した。自分が変わり者で居場所がない気がしたから。でも今ここに立っている」。スピーチが始まると、米アカデミー賞の華やかな授賞式会場は静まり返った。「そういう若者へ。君には居場所がある。そのままで大丈夫。そして輝く時が来たら、この言葉を次の世代につなげてほしい」

脚色賞に輝いたグレアム・ムーアさんには共感する大きな拍手が送られた。

ことしの受賞者からは移民や人種問題、表現の自由などへの発言が相次いだ。助演女優賞のパトリシア・アークエットさんは「女性の権利のために闘おう」と呼び掛け、客席のメリル・ストリープさんらが快哉を叫ぶ姿が映し出された。

授賞式を見ながら政治・社会的発言がタブー視される日本の芸能界を思った。ある芸能人へのインタビューで沖縄の基地問題について質問した。その人は言葉を選びながら真摯《しんし》に答え始めたが、傍らのマネジャーに止められた。

政府がテレビ局の衆院選報道に細かい注文を付けたり、サザンオールスターズのパフォーマンスが謝罪に追い込まれたり。自由な言葉を発することや表現範囲が狭まる息苦しさを日本では感じる。国会でさえも「ＩＳ（イスラム国）」に対する政府対応への批判を自粛する。

言いたいことを自由に言う。表現者としてのハリウッドスターの輝きが、かつてないほどまぶしく思えた。

（2015年2月26日）

＊子どもの死角

朝から社会部の電話が鳴り続けた。1本は息子がいじめに遭っているという女性からだった。被害を訴え、学校の対応に怒り、最後は涙声になった。

「いじめ」をテーマにした連載を担当していた12年前のことだ。連載開始直後から１００本近い電話やメールが来て、いじめの多さに驚いた。不良グループの暴力に耐えかね転校させた親もいた。いじめが原因で不登校になった子どものことを切々と書いてきた父親もいた。

子どもがいじめられれば、親は平静ではいられない。ましてや暴力の犠牲になったとしたら。

川崎市で起きた中1男子殺害事件で、被害者の母親のコメントには胸がふさがる。「今思えば、（息子は）私や家族に心配や迷惑をかけまいと、必死に平静を装っていたのだと思います」。5人の子を1人で働いて育てる母と、親を気遣う息子の姿が浮かぶ。

思春期になると、自分の世界に大人を立ち入らせない傾向が強まる。無料でメッセージ交換ができる通信アプリなどの普及で、子どもたちの動きはさらに見えなくなっている。男子が殴られた時も友人たちが加害者に抗議したが、大人の介在はなかった。

学校が努力していたことは分かる。だが被害者も加害者も、大人に見守られている実感は薄かったのだろう。事件はどこでも起き得る。子どもの世界に死角をなくす。大人に今求められていることだ。

（2015年3月12日）

＊「この期に及んで」

一目見ておやっと驚いた後、くすっと笑う。東京の老舗デパート、日本橋三越本店に懸かるひときわ大きな垂れ幕だ。書かれた文字は「越後屋　お主も春よのう」。

越後屋は三越の元の屋号。時代劇に出てくる悪代官のセリフをもじった粋なコピーに道行く人が指をさす。桜色のＬＥＤやちょうちんが通りを彩る日本橋にことのほか似合う。

こちらは時代劇だったらどの場面のセリフだろうか。「この期に及んで……」「じたばたするねぇ」とでも言いたいか。発したのは菅義偉官房長官。13分の会見で4度も繰り返した。

米軍普天間飛行場の移設先とする名護市辺野古沿岸での作業について、翁長雄志知事が停止を指示した日のことだ。菅氏は「わが国は法治国家であり、この期に及んで、こうした措置をするのははなはだ遺憾だ」といら立ちを見せた。

政権からすれば、もう抵抗しても遅いと言いたいのだろう。しかし政治の世界で前政権の政策を覆すのはよくあること。民主党政権下で全国の自治体に配分された一括交付金を、沖縄以外を全廃したのは安倍政権である。

前政権の「2030年代の原発ゼロ」も転換し、原発再稼働を進める。なぜ沖縄政策だけが「この期に及んで」なのか。しかも一度も新知事と話し合ったこともない。「腹は決めている」と語った翁長知事。沖縄の春は、浮かれる間もない攻防の春だ。

（2015年3月26日）

＊「天使の声」が生きやすい社会

ことしのグラミー賞で、22歳の新人ながら4冠を獲得した英国の歌手、サム・スミス。大柄な体から生み出される美しい高音が「天使の声」と称される。

最新曲のミュージック・ビデオではスミス自身が結婚式を挙げ、家族や友人に祝福される場面が描かれている。彼が手をつなぐ相手は男性のパートナーだ。

同性愛であることを公表し、片思いの彼に向けて曲を作った。グラミー賞のスピーチで「去年、僕を失恋させてくれた男性に感謝する。おかげでグラミーを四つも頂いちゃったよ」と語り、大歓声を受けた。

同性愛を公言できる人はまだ少数派だろう。好奇の目にさらされ、いじめの対象になるのを恐れ、沈黙を守る人も少なくない。同性カップルにも困難が立ちはだかる。偏見から住居を借りられず、入院時にパートナーが家族でないことを理由に病院から面会を断られることがあるという。

渋谷区の決断は突破口になるのか。同性カップルを結婚に相当する関係と認めて「パートナーシップ証明書」を発行するという、全国初の条例案が区議会の賛成多数で可決・成立した。法的拘束力はないものの、行政の〝お墨付き〟を得られたことの意味は大きい。ただ、お上が認めただけでは効力を発揮し得ないだろう。私たち一人ひとりが多様性を認め、尊重する意識を持ちたい。さまざまな差別や偏見は私たちの心の内にある。

（2015年4月2日）

＊粛々と渡る川の向こうは

子どものころラジオから流れる浪曲で耳なじみになった一節に「鞭声粛々《べんせいしゅくしゅく》、夜、河を過《わた》る」があった。江戸後期の学者、頼山陽《らいさんよう》の詩で、川中島の戦いで上杉謙信軍が武田信玄軍に奇襲を仕掛けようと静かに迫る場面である。

「粛々」は敵に悟られないよう静かに馬にムチ打つ音の擬音語だ。この「粛々」という言葉は中国古代からあり、「厳か」「静か」という意味を持つ一方、鳥が羽ばたく音の擬音語でもあったという。

しかし詩が広まるうちに列の進む様子を示す擬態語となり、「列を乱さず進む」「集団が秩序を保って何かを遂行する」というイメージに転じた。『政治家はなぜ「粛々」を好むのか』（円満字二郎著）から引いた。

「列を乱さず進む」ことから、相手に意見を言われても足は止めないという印象を受ける。政府は4月28日の「主権回復の日」式典を、今後も節目の年に開催すると明言した。

初めて開催した2年前は沖縄の強い反発が起こり、菅義偉官房長官が「祝いではない」と釈明に追われた。しかし舌の根も乾かぬうちに、自民党はこの日を祝日にするよう法改正を求める。

日米首脳会談では、国会審議もしていないのに日米安保条約の枠組みを超える日米の軍事協力指針を決めた。誰が何を言っても足を止めないこの政権が粛々と渡る川の向こう岸は、過去の歴史を忘れた国なのだろうか。

（2015年4月30日）

＊誇りと決意の「啖呵」

「なめたらいかんぜよ」は1982年の流行語になった。映画「鬼龍院《きりゅういん》花子の生涯」で、夏目雅子さん演じる主人公が夫の実家で「やくざの娘」とののしられ、きっとした瞳で振り返って啖呵《たんか》を切る。

「啖呵」という言葉。一説には、元は「痰火」と書き、体内の火気によって生ずる病をいう。「切る」はその病を治すこと。

痰火が治れば胸がすっきりすることから香具師《やし》などの隠語になった。仏教語で「相手の誤りを叱る」の意味の「弾呵《だんか》」に由来するとの説もある。

「なめたらいかんぜよ」のセリフは宮尾登美子さんの原作にはない。宮尾さんは試写を見て驚き、反響にも困惑したようだが、映画化した作品の中で「一番出来が良かった」と振り返っている。

最近、胸がすっきりした啖呵は17日の県民大会で翁長雄志知事が最後に発した「沖縄人（うちなーんちゅ）うしぇーてぇーないびらんどー（沖縄人をないがしろにしてはいけませんよ）」。相手を諭す言い回しながら、沖縄人としての誇りと決意があった。

5月20日の日本記者クラブでの講演で知事は、米軍による軍用地の地代一括払いに抵抗した島ぐるみ闘争を挙げ「沖縄人は厳しい闘いで自治権を獲得してきた。本土のように与えられた自治権じゃない」と啖呵を切った。「保守政治家として子や孫を守る」ための啖呵。日米政府が辺野古新基地建設の誤りに気付くきっかけになるだろうか。

（2015年5月21日）

＊夏を乗り切る先祖の知恵

夏の盛り、帰って真っ先に冷蔵庫を開ける子どもたちに、祖母はぬるいお茶を勧めた。不思議なもので、氷水より温かいお茶の方が早く汗が引いた気がする。

冷たい物の取り過ぎは内臓を冷やして血行を悪くし、体力が落ちる。今、健康番組で盛んに紹介される夏バテ防止法を祖父母たちは実践していた。ゴーヤーなどの夏野菜を食し、食欲が落ちるとゆし豆腐の出番だ。

豆腐に固める前の煮汁に泳ぐふわふわをそのまま、またはカツオだしでいただく。食通で知られる元毎日新聞論説委員の古波蔵保好さんも〝ゆし豆腐支持者〟で、庭の赤トウガラシの実を浮かべ「ツルリ、ツルリとノドに通す時の感触と、できたての豆腐の香りがいいと、豆腐好きは礼賛する」と書く。

連日30度を超し、熱中症も激増している。沖縄では6月21日までの1週間で57人が救急搬送された。熱中症は、高温多湿で体内の水分や塩分のバランスを崩し、体の中に熱がたまり起こる症状をいう。

江戸時代には「中暑《ちゅうしょ》」や「霍乱《かくらん》」と呼ばれた。鬼の霍乱とは極めて健康な人が珍しく病気になる例えだが、鬼でもかかるとは油断ならない。

予防には水分補給や適度な冷房の使用などが欠かせないが、栄養バランスも重要だ。良質なタンパク源である島豆腐や島野菜を取り、「食は薬（クスイムン）」とした先祖の知恵を生かして長い夏を乗り切りたい。

（2015年6月25日）

＊無理な誓いはするな

ギリシャ神話の青年神ヘルメスは多才な神だ。翼の生えた靴を履いて風よりも速く走り、手には使者の証しであるつえを持つ。商業の神、旅人の神、そして情報の神でもある。

ある日、牛に変えられた女を助け出すよう命じられる。女は百目の怪物に見張られていた。隙のない怪物にヘルメスは一計を案じる。あし笛の美しい音色で怪物を眠らせることに成功した。

さて、世界が百もの目で見詰めるギリシャの金融危機である。国際通貨基金（ＩＭＦ）への債務返済が実行されず、事実上の債務不履行（デフォルト）に陥った。今後、公務員の給与や年金なども支払えなくなり、国民生活が大打撃を受ける可能性がある。

株価急落の連鎖は地球を一周した。今度ばかりは、あし笛の音色で収まる話ではなかろう。知恵と情報と、世界を見渡す多才な力が求められている。

7月5日には欧州連合（ＥＵ）が求める緊縮策を受け入れるか否かを問う国民投票がある。年金を減らし、増税を受け入れる改革を選ぶのか。もし緊縮策反対が上回れば、ＥＵ離脱も含め先行きはますます見えない。

神々を祭るアポロン神殿の入り口には2つの格言が刻まれている。「汝《なんじ》自身を知れ」と「度を越してはならぬ」。そして第3の格言は「無理な誓いはするな」。ギリシャとＥＵ双方が地道な努力で事態を打開するように、神々が刻んだようにも思える。

（2015年7月2日）

＊市民球団が伝える記憶

大混戦のプロ野球セ・リーグで、広島の応援団が元気だ。カープ女子の増加、黒田博樹投手の大リーグからの復帰など話題も豊富。いきおいファンも熱い。

熱烈な応援は創設当初から続く。１９５０年、原爆で焼け野原になった街の復興を願い、結成された広島東洋カープは親会社を持たない。球団解散の危機も市民の「樽《たる》募金」で乗り越えた。

漫画「はだしのゲン」で、カープ愛あふれる隆太少年は資金難のため移動中の選手が三等車の通路に寝ていることに涙し、最下位続きでも「我らがカープ」と歌う。作者の中沢啓治さん自身が小学1年生で被爆し、復興の希望を球団に託した。

チームは原点を忘れていなかった。原爆投下から70年となる2015年8月6日、選手も監督も全員が背番号「86」のユニホームで試合に臨む。原爆投下の日を知らない子どもが増えていることを懸念しての取り組みだという。

ユニホームは平和の願いを込めて胸に「PEACE86」、背中は「HIROSHIMA 86」、左袖には原爆で犠牲になった29万2325人の数字。帽子側面には白いハトをあしらった。

会見した前田健太投手の言葉は「野球を通じて『忘れてはいけない』という思いを全国の皆さんに伝えたい」。焦土からの復興がかなった70年。野球を通して8月6日の記憶を伝え続ける赤ヘル軍団にエールを送りたい。

(2015年7月9日)

＊エヌ氏の窮状

一人、山の湖にやって来たエヌ氏。ボート遊びで誤って水に落ちる。何とか岸まで泳ぎ着いたものの服はびしょぬれ。カード類の入った財布もなくなっていた。

着替えを買うにも銀行で金を借りるにも「カード番号をどうぞ」。名乗っても「お名前をうかがってもしようがございません。すべては番号で処理されるので」。

短編の名手、星新一さんは今の世を予言していたのだろうか。30年以上前の小説「番号をどうぞ」は、氏名よりもクレジットカードや保険証、通帳の番号が優先する社会を描く。政府は10月、年金や税などの番号を一つにまとめた「マイナンバー」を国民一人ひとりに割り振る予定だ。

便利さや事務の簡素化など利点ばかりが強調されるが、そうだろうか。税も社会保障も生活保護の受給状況も全てをまとめたマイナンバーは個人を裸にするような情報の塊だ。

日本年金機構による個人情報の流出があったばかり。教育関連企業では販売目的で内部の担当者が個人情報を流出させた。絶対漏れないとは誰も言えない。

窮状のあまり駆け込んだ警察にも断られたエヌ氏は「番号がないと人間じゃないっていうのか」と叫ぶ。小説にはないが、番号を知った者がエヌ氏に成り済ますという、もっと薄気味悪い展開も予想される。そんなことは小説の中の話、と言い切れない。

（2015年7月23日）

＊被爆70年の誓い

世界的なバレリーナ森下洋子さんのきゃしゃな姿が8月5日はピッチャーマウンドにあった。広島カープが原爆投下から70年を前に本拠地で開いた「ピースナイター」で始球式を行った。

森下さんは祖母も母も被爆した被爆2世だ。祖母は左半身に大やけどを負い、九死に一生を得たが、生涯、手が不自由だった。「海外公演では誰もが『ヒロシマ』を知っていて、平和を考える言葉になっている」と語る。

沖縄戦の組織的戦闘が終結した6月23日の後も、軍部は本土決戦にこだわった。7月26日には米英中3カ国がポツダム宣言を発表するが、天皇による統治の継続「国体護持」を優先して、受け入れなかった。

歴史に「もし」は許されないが、原爆投下により8月6日の広島で14万人、9日の長崎で7万4千人の犠牲者が出たことを思うと無念でならない。さらに森下さんの祖母のように多くの人が後遺症に苦しみながら戦後を生きた。

参院の特別委員会では安保法制の議論が続く。安倍晋三首相は衆院とは作戦を変え、北朝鮮や中国を名指しして脅威論を訴える。軍備に軍備で対抗しようとすれば核という最終兵器を手にするしかない。

広島市の平和記念公園にある原爆死没者の慰霊碑には「安らかに眠って下さい　過ちは繰返しませぬから」と刻まれる。その誓いが守られるか。瞑目《めいもく》して、戦後70年の夏を思いたい。

（2015年8月6日）

＊中2の夏休み

「中2の夏休み」の難しさを教育担当のころ、多くの教師から聞いた。1カ月半の休みを経て生徒は大きな変化を見せる。真面目だった子が夜出歩くようになったり、無邪気だった表情に陰りが見えたり。

体が大人に変わりつつある中、心も不安定になる。大人に反抗的になる一方で、他人からどう見られているかを過剰に意識し、時にとっぴな行動に走る。教師の経験則では最も注意を要する時期なのだという。

痛ましい調査がある。内閣府によると、18歳以下の自殺は夏や春の長期休暇が明けた時期に集中する。突出して多いのは9月1日だ。いじめや友人関係の悩み、環境の変化が精神的動揺を生むのだろうか。

感受性が鋭くなるが故に得るものもある。お笑い芸人の又吉直樹さんはサッカーに明け暮れる少年だったが、中2で芥川龍之介の「トロッコ」を読み、小説にはまった。21年後の芥川賞につながる出会いである。

太宰治の「人間失格」は100回は読んだという。思春期に誰もが持つ「人生とは」「人間とは」という問いかけに、「じめじめと考えているのは自分だけだと思っていたら、ほかの人も、太宰も考えていた」と驚きを語る。

夏休みも半分が過ぎた。いつか猛暑の日々を振り返り、後の人生につながったと思える出会いを得てほしい。大人の務めは異変に気付くアンテナを立てることだと心しつつ。

（2015年8月15日）

＊ご先祖さまに感謝

内輪の話で恐縮だが、記事の扱いや見出しを決める担当者が最も頭を悩ますのは死亡記事の扱い。「棺《かん》を蓋《おお》いて事定まる」は、人の真価は死んでから決まるという意だが、死亡記事も指標の一つになるかと思うと緊張する。

亡くなった人の功績、社会に与えた影響などを基準に大きいと判断すれば1面に据え、見出しの大きさを決める。正解はないものの、後日反省することもある。一例は1979年のパンダ「ランラン」。大ブームを起こした故にランラン死亡は各紙1面。同じ日に掲載された落語家の三遊亭円生《えんしょう》さんの訃報はそれより小さかった。古典江戸噺《ばなし》の大御所で、落語協会分裂騒動を起こしたことでも注目された円生さんの方が大きい気がする。

ところで、有名人の中で葬儀を終えた後に亡くなったことを公表する例が最近増えた。周囲を煩《わずら》わせたくない、家族だけで送りたいなどが理由だという。だが、何か寂しい。

沖縄では多少の縁があれば葬儀には駆け付けるから会葬者が多くなる。県外の都市部だと5千円以上が相場の香典《こうでん》も、沖縄は千円から数千円。大勢が少額を持ち寄り、葬儀費用を賄う

〝ゆいまーる〟の意味もある。

大勢で見送り、旧盆や清明祭でまた家族が集う。その良さをしみじみ味わう季節だ。明日は「ウークイ（旧盆）」。棺を覆った後も多くの縁者をつなげたご先祖さまに感謝し、手を合わそう。

（2015年8月27日）

＊ラグビーの季節

久しぶりにラグビーの季節が来た。W杯で日本が世界ランク3位の強豪、南アフリカに逆転勝ち。残り時間わずかな中でスクラムを選択し、逆転トライを狙った。鮮やかな〝番狂わせ〟は、小説「ハリー・ポッター」の作者J・K・ローリングさんをして「こんな物語は書けない」と言わしめた。

1980年代は花形スポーツだった。新春の国立競技場は晴れ着の女性が集まり、松任谷由実さんが高校ラグビー決勝戦から着想したという曲「NO　SIDE」もヒットした。沖縄ではコザ高が県勢初の花園1勝を挙げた。

しかしプロ化したサッカーに人気を奪われ、W杯も18戦連続未勝利と低迷。競技人口の減少も止められなかった。

人気回復を狙い誘致した2019年W杯は新国立競技場建設が迷走した揚げ句、見直しとされた。会場変更を余儀なくされたラグビーにまでけちがついた格好だった。

今回の勝利は、スポーツの主役は競技場という入れ物ではなく、選手であり知力を尽くしたプレーであることを再認識させてくれた。日本代表31人中、10人が外国出身という多国籍も魅力だ。

チームワークを見れば「一人はみんなのために、みんなは一人のために」のラガー精神が浸透しているのが分かる。母が沖縄出身の田村優選手も活躍する。決勝トーナメント進出を期待しつつ楕円《だえん》のボールの行方を楽しみたい。

(2015年9月24日)

*クバ・リブレの酸味

クバ・リブレというカクテルを知ったのは森瑶子《ようこ》さんの小説だったか。英語でキューバ・リバー、「キューバの自由」を意味する。米西戦争を経てキューバがスペインから独立した1900年代初めに生まれた。

キューバ産ラム酒と米国を象徴するコーラを合わせたカクテルは、米国の支援で得た勝利を祝うにふさわしかったであろう。しかしその後の米国支配に反発を強めたキューバは59年に革命を起こし、2年後に国交を断絶する。

ローマ・カトリック教会のフランシスコ法王が9月19日からキューバと米国を訪問した。両国の国交回復を仲介した立役者は熱狂的な歓迎を受けた。

社会問題に積極的に取り組み、自らの言葉で訴えることで宗教の枠を超えて支持を集める。ニューヨークのホームレス施設では「神の子もこの世にホームレスとして生まれてきた」と励ました。

米連邦議会の演説では、イタリア移民2世である自身の出自に触れ、「アメリカ大陸の人々は外国人を恐れない。なぜならわれわれの大半が外国人だったからだ」と語り、難民受け入れを促した。

クバ・リブレはラムのアルコールとコーラの甘さに、ライムの酸味を利かせるのが肝《きも》らしい。2国間では成り立たなかった54年ぶりの国交回復も肝となる人がいた。法王が訴えた難民や軍縮、核廃絶。力によらない努力で解決の道を探れないものか。

（2015年10月1日）

＊自然界からの宝物

お花畑という美しい名で呼ばれる。人の腸は菌が絶えず増え続け、複雑な微生物生態系をつくっている。名付けて腸内フローラ（お花畑）だ。

人の健康に密接な関係があることが分かってきた。ひと・人に数百種類、約100兆個あるという細菌の解明はこれからだが、健康食品市場では既にブーム到来だ。

腸内だけではない。1グラムの土には約1億もの微生物がおり、ごくまれに薬を作り出せる細菌がいる。抗生物質のペニシリンが代表格だ。寄生虫を抑える菌を発見した大村智《さとし》さんがノーベル医学生理学賞に決まった。

出身地山梨県のワインの発酵から微生物に興味を持った。小さなポリ袋を持ち歩いて行く先々で土を集め、年間数千株の菌を分離するのは大変な労力であっただろう。地道な研究の積み重ねから、多くの人を救う菌を探し当てた。

さらに素晴らしいのは、この菌から生まれた薬を、製薬会社がアフリカを中心に無償供与していることだ。年間3億人が失明などの疾病から救われている。沖縄でも糞線虫症の特効薬として使われる。

定時制高校の教師時代、油まみれの手を拭く間もなく試験に走り込んだ生徒を見て、「もっと勉強しないと」と研究者を志したという大村さん。人の痛みを知り、人の役に立ちたいと願った人だけに、自然界は微細で大きな宝物を与えたように思える。

（2015年10月8日）

＊暖簾の意地

「白い巨塔」や「沈まぬ太陽」など社会派作品で知られる作家の山崎豊子さんは大阪・船場《せんば》の老舗《しにせ》昆布屋に生まれた。初期の作品は船場が舞台で大阪商人の生き様や人間模様が色濃く反映されている。

デビュー作「暖簾《のれん》」に印象的なシーンがある。丁稚《でっち》からのし上がった昆布屋、吾平の店に中毒事件が持ち上がる。冤罪《えんざい》と分かった後、包み紙に小さな破れがあったことが疑いのきっかけだったと知る。

大阪商人の信用と格式の象徴として表される暖簾という言葉。最近ではブランドという方が通りがいいかもしれない。そのブランドを持つ企業がデータ偽装、施工不良の疑いをかけられている。横浜市の大型マンションが傾いた問題だ。

くいが固い地盤まで届いていないことが主因という。売り主は「三井」、くい打ちのデータを改ざんしたとされるのは「旭化成」の暖簾の下にある。いずれも名の知れた企業で、まさか、と世間を驚かせた。

買う側からしてみれば、地中のくいなど確認できない。だからこそ企業を信用して選ぶ。自分の住まいはどうか。他のマンションでも問い合わせが殺到しているそうだ。

吾平は、信用を得る難しさを肝に銘じ店を再建する。それは細心の注意を払った製品作りと顧客対応、船場商人の意地だった。泣きたいのは会見した社長ではなく、一生ものの買い物を裏切られた住民だろう。そして暖簾も。

（2015年10月23日）

＊世替わりとハロウィーン

日曜日の昼下がり。血の付いた白衣姿の女の子3人組が電車に乗り込んだ。ぎょっとしたのもつかの間、次は黒いマントの青年が。

しかし車内は平然としている。ハロウィーンだ。本家の欧米は10月31日だが、東京では10月の週末は各地で祭りがあり、若者がさまざまに仮装して楽しげにパレードする。

幼いころ外人住宅街と呼ばれた、米軍人家族が住む地区にいたのでハロウィーンは身近な行事だった。隣の子から借りた幽霊のドレスを着て、子ども同士で家々を回り菓子をもらう。米軍がベトナム戦争から撤退して家族もバタバタと引っ越した。潮が引くように米国人の友達がいなくなるのと前後して、小遣いもセントから円になった。ハロウィーンができなくなった寂しさは、子どもながらの世替わりの記憶だ。

日本記念日協会は日本のハロウィーン市場は2014年1100億円で、バレンタイン市場を抜いたと推計する。古代ケルト人の悪霊払いが起源という祭りも日本ではコスプレ大会の様相を見せる。気になることもある。

急速に普及したこの祭りの魅力は仮装だ。普段と全く違う格好で街を練り歩く非日常の楽しさは、日常の閉塞《へいそく》感の裏返しではなかろうか。だからこそ菓子をもらうわけでもない大人が熱狂する、とは考え過ぎか。やぼは言うまい。祭りを楽しみ、さまざまに起こる暗雲を払う力を蓄えたい。

（２０１５年10月29日）

＊新郎の４人の親

数年前の結婚披露パーティー。米国人の新郎の横に２組の夫婦が並んだ。新郎の両親は彼が幼いころに離婚し、それぞれ再婚。新郎は４人の〝親〟と抱き合い、感謝の気持ちを示した。

その光景は日本でも見られるものになった。いまや結婚する４組に１組は再婚だ。英語で「継」を表す「ｓｔｅｐ」を冠したステップ・ファミリーという言葉も一般化した。結婚や家族の形が多様になっていることを示す一例だ。

しかし社会の変化に法律は追い付いているか。最高裁は11月４日、離婚後の再婚を女性のみ６カ月間禁じる民法の規定が「法の下の平等」を定めた憲法に違反するかどうか、当事者から意見を聞いた。早ければ年内にも憲法判断を示す。

再婚禁止規定は、再婚後に生まれた子の父親が混乱しないよう明治時代に定められ、戦後も引き継がれた。ＤＮＡ鑑定のない時代には家族の紛争を未然に防ぐ効果があっただろう。

しかし規定が「無戸籍児」という悲劇も生む。離婚成立後３００日以内に生まれた子は前夫の籍に入る。それを避けるため出生届を出せない母親がいるのだ。夫の暴力から逃れていて離婚できない女性もいる。
法務省は「人間の尊厳に関わる重大な問題」とする。子どもを守るべき法律が、子どもの人権を脅かす状況をどう考えるか。法律は早く社会に追い付けと、願わずにいられない。

（２０１５年11月５日）

＊地方から見る「主従」

今春、米大手コーヒーチェーンが都道府県で最後に鳥取県に出店し、初日の売り上げは国内の店舗で歴代1位となった。少々斜めから見ていた方がいる。元鳥取県知事の片山善博さんだ。「それだけの金が鳥取県から米企業に吸い上げられたと思うと、もったいない」。片山さんいわく、地元にはいいコーヒー店がたくさんある。そこにお金を落としてこそ、地方活性化になる。

旧自治省出身という霞が関の元住民で、総務相を務めても立ち位置は地方にあるのだろう。熊本県知事だった細川護熙《もりひろ》元首相と元出雲市長の岩国哲人《てつんど》さんが「鄙《ひな》の論理」を著したのは１９９１年。バス停を10メートル動かすにも国に届け出が必要だ。

「許認可の８割近くをいまだに中央が握る」との問題提起は99年の地方自治法改正にもつながった。国と自治体の関係を「上下、主従」から「対等、協力」へ。地方分権の流れは明確だった。

辺野古沖埋め立てをめぐり、国は地方自治法上の代執行を提訴した。是正する手段がない時の例外的手段として法に残された「代執行」だが、政府は法改正後初めて適用へ向け踏み出す。

いまだ沖縄だけに「主従」を持ち込む政府は、地方自治法の本来の精神をご存じないらしい。しかし問題は沖縄だけにとどまらない。地方に立ち位置を持つ多くの人たちは、政府が「主従」を振り上げるさまを見ている。

（2015年11月19日）

＊子どもを追い込む社会のエラー

運転免許を取って半年ほど。そして、新しい部署に異動して仕事をこなせるようになったころ。事故や大きなミスはそんな時期に発生する。覚えがある人も多いだろう。

最近よく聞くヒューマンエラー（人為的過ち）の要因で真っ先に挙がるのは「慣れ」だという。経験を積んで運転や仕事の手順に油断が生じる。慣れは怖いと言われるゆえんだ。

東京では見慣れていても、世界の常識からすれば驚く光景だという。夜の街に少女が立ち酔客に声をかける。まだあどけない表情に学校の制服を想起させる服装。「ＪＫ（女子高生）」とうたう性的ビジネスだ。

先日、沖縄でも調査をした、児童の性的被害に関する国連特別報告者のマオド・ド・ブーア・ブキッキオさんは「子どもの性の商品化に社会が寛容だ」と指摘した。

ブキッキオさんは「女子生徒の13％が援助交際をしている」と発言して、日本政府の抗議の後に取り消した。確かに数値の確度には首をひねるが、彼女が日本社会に指摘したいのは、子どもが性被害に遭いかねない事態を容認する大人の姿勢だろう。

沖縄に対しては貧困、高い失業率や高校中退率、虐待的な家庭環境を挙げ、「少女たちがこうした状況に置かれることが本当に良いのか、問いかけて」と話した。

子どもを追い込む社会のエラーを正すには、慣れた光景に疑問を持つことからだ。

（2015年11月28日）

＊駕籠の底が抜ける前に

大阪堂島でも強気筋で鳴らした相場師。1人乗りの駕籠《かご》に無理やり2人で乗り込む。案の定、底が抜けたが「わしらカンカンの強気で通ってる2人やぞ。いっぺん乗った相場、途中で降りたことなんかない。そんな験の悪いことできるかい」と啖呵《たんか》を切る。

落語「住吉駕籠」は米の相場取引が盛んな時代、子どもっぽくも意地を通す仲買人を描く。一度張ったら降りないのは相場師のさがだろうが、掛け金が国民がこつこつ納めた年金だとしたら。

年金の積立金が7―9月期で7兆8千億円もの損失を出した。四半期では2001年以降、過去最大の赤字だ。中国の景気減速への懸念で株価が下がったことが影響したとされる。

しかし運用損の理由は2014年10月から株式保有の比率を上げたことにある。株式市場の活性化を図るという安倍政権の意向を受けたものだが、リスクのある株取引で年金積立金が失われるとの国民の不安が的中した。

秋以降の株価上昇もあって、政府は強気だ。菅義偉官房長官は「短期的には振れ幅が大きいが、長期的にリスクは逆に少なくなっている」と評価する。今後も国民の大事な資産を危険にさらすつもりのようだ。

相場は降り時が肝要《かんよう》だとか。誤れば、堂島の相場師のように底の抜けた駕籠から足だけ出して歩かねばならなくなる。足が出たとのオチ、お後はよろしくない。

（2015年12月3日）

＊最後の〝悲鳴〟にしたい

亡くなる1カ月前に手帳に残した言葉が痛ましい。「体が辛いです。気持ちが沈みます。早く動けません。誰か助けてください」。訴えを通り越して悲鳴だ。どれほど追い詰められていたか。

ワタミグループの居酒屋で働いていた26歳の女性が2008年に過労自殺した。その責任をめぐって争われた訴訟で、ワタミ側が謝罪して約1億３千万円の賠償金を支払うことで和解が成立した。

女性は連日の深夜勤務に加え、休日は創業者の理念集を暗記するなどの研修に追われた。終電以降もタクシー利用が認められず、始発まで店で待機することもあったという。残業は最長で月１４１時間あった。

長時間労働やパワーハラスメントなど、劣悪な労働環境で従業員を酷使する企業が批判されて久しい。最近は「ブラック企業」「ブラックバイト」なる言葉で評される。

批判が高まるとともに客や働く人は離れた。ワタミや、過労死を出した居酒屋チェーン運営の大庄は赤字に陥る。一人深夜勤務が問題になった牛丼のすき家は人手不足のため６割の店舗で深夜営業ができなくなった。

過去に「３６５日24時間、死ぬまで働け」と唱えてワタミを急成長させた創業者の渡辺美樹《みき》氏（参院議員）は一転、責任を認めて謝罪した。人を使いつぶすような企業に消費者や労働者はそっぽを向く。彼女の悲鳴は重い教訓を投げ掛けている。

（２０１５年12月10日）

＊部屋、売ります

ブルックリンを一望できる眺めの良いアパート。屋上では家庭菜園でトマトを収穫する。40

年住み続け、夫婦の歴史を刻んできたわが家。ただ一つの欠点は……。

モーガン・フリーマンとダイアン・キートンの名優2人が夫婦を演じる、映画「ニューヨーク　眺めのいい部屋売ります」。ただ、エレベーターがない。5階までの階段は愛犬の方が先にへたばってしまう。

欠点がない住み慣れた家でもいつしか住みにくくなることはある。高齢化や過疎化を背景に、地方を中心に空き家が増加している。総務省調査では2013年時点で全国820万戸、住宅総数の13・5%は空き家だ。

沖縄は10・4%と全国平均を下回るが、1割は誰も住んでいないのである。人の気配がなくなった家はすさんだ空気を生む。さらに倒壊や不審者の忍び込みなど地域を脅かす問題にもつながる。

解体費用の負担や、さら地にすると固定資産税が増えることが放置される一因といい、政府もようやく重い腰を上げた。16年度税制改正で空き家相続人への譲渡税控除を盛り込む。自治体独自では那覇市が所有者と入居希望者を仲介して活用を促す。

映画は、家を住み替える決心をした愛情深い夫妻を通し、人生後半の輝きを映し出す。不便な家は2人の歩みを見守り続ける存在だ。家を生かし、将来にわたって活用できる街づくりでありたい。

（2015年12月17日）

＊沖縄の思い主張する年に

本題と外れた〝ゆんたく（おしゃべり）〟に人柄や生い立ちが表れることはよくある。作家の半藤一利《はんどうかずとし》さんは沖縄を訪ねたことがないという。理由は「出るんですよ」。

「戦士の遺書―太平洋戦争に散った勇者たちの叫び」の執筆中は3人ほど出てきたそうだ。「コツン、コツンと階段を上がる音がして、上から霊がガーっとかぶってくる。『分かった、きちんと書きますから』と大声で叫んで起こされる」

東京は向島《むこうじま》の出身。15歳で東京大空襲を経験した。焼夷弾が風を切り、ごう音とともに炎がたけり狂った。焼け死んだ人々の間を逃げた。戦後も向島に泊まると出るのだそうだ。戦後70年たっても体験者の記憶は鮮やかだ。戦後の人生にも大きな影響を与えた。

「なぜこの戦争が起きたのか――」

半藤さんは焼け跡で抱いた疑問を、『日本のいちばん長い日』『昭和史』などの著作に結実させた。

2015年の元日、小欄で「昨年は決断の年、ことしは決断の覚悟を示す年」と書いた。翁長雄志知事は沖縄の覚悟を内外に示した。「辺野古新基地を造らせない」という言葉によって。越年する法廷闘争。新たな年は沖縄の思いを主張する年となろう。辺野古を「唯一の解決策」とする政府に対抗して——。

「なぜ、沖縄は戦後70年たっても多くの米軍基地を負担し続けなければいけないのか」疑問は解けないまま、２０１５年は暮れる。

（２０１５年12月31日）

2016年

＊ジューシーが恋しい

清少納言が枕草子で書いている。「七日の日の若菜を、六日、人の持て来、さわぎ取り散らしなどするに」。頂き物の若菜（春の七草）を珍しがって子どもたちが騒ぐ。にぎやかにもほほ笑ましい正月明けが描かれる。

年末年始のごちそう続きに、母や伯母らのカメー（食べて）攻撃をかわし切れず、膨らんだ腹をさすっている方も多いだろう。きょうは七草。祝い膳や酒で弱った胃にはちょうどいいころになる。

七草がゆの風習はない当方、この時期に恋しくなるのは「ジューシー」だ。祝いの膳にも使われる炊き込みご飯風のジューシーではなく、ごく庶民的な、雑炊かゆのように炊くジューシーがふさわしい。

かつお節のだしに三枚肉などを細かく切って入れ、豚あぶらの風味を付ける。青い野菜が欠かせない。わが家の定番、イモの葉（カンダバー）は、植物防疫法で県外持ち出しが禁止されているから、沖縄でしか味わえない。

エッセイストの古波蔵保好さんの家はフダンソウ（ンスナバー）だった。ウイキョウの葉（イーチョーバー）は子どもには不評だったが「オトナは、なじみになったらやめられなくなるといっていた」そうである。

ある化粧品会社のアンケートでは6割以上が正月太りを経験し、増加は平均2・08キロとか。沖縄野菜を取って胃を休め、正月明けは「イチキロヘラス」を心がけよう。


（2016年1月7日）

＊70年前の「ごめんね」

優秀賞の1作は高知市の女子高校生。学校へ送ってくれる父親の軽トラックを「恥ずかしいと思っていてごめんね」と謝り、「三年間ありがとう。卒業式もよろしくね」と書いた。

高知県南国市後免町《ごめんまち》が開く全国コンクール「ハガキでごめんなさい」。南国市で幼少期を過ごした漫画家のやなせたかしさんが、「ごめん」という独特な地名を町おこしに生かそうと提案して始まった。

「ごめんね」と言いそびれたことは誰にもある。素直な思いの吐露はみんなの心を温める。

やなせさんが生んだアンパンマンも、敵役のばいきんまんを徹底的にはやっつけない。「ごめんね」と言う余地を残す。

珍しい地名を生かすのもやなせさんらしい。沖縄でも可能だ。恩納《おんな》村なら活躍する女性のコンテスト、本部《もとぶ》町ならリーダー的住民を「〇〇本部長」にするとか。駄じゃれでも生かさない手はない。

大賞は新潟市の98歳の男性だ。終戦翌年、乗った列車が長時間停車した際、支給された白米を集めて炊くと申し出た女性たちを「持ち逃げ？」と疑った。その後渡された炊きたてのご飯に涙が出たとつづり「心から深くおわび申し上げます」と謝った。

70年近く言えなかった「ごめんね」。でも70年たっても心からの謝罪はできる。先の大戦で多くの人を傷つけたことへの反省の心さえあれば。この国から謝罪の言葉が届いていない人たちは、まだいる。

（2016年1月14日）

＊酢豆腐は一口に限る

若い者が集まって一杯飲もうということになったが、肴《さかな》がない。豆腐があったと出してきたら黄色くなって酸っぱい臭いもする。そこに通りかかったのはいつも通人《つうじん》ぶる若旦那。鼻持ちならないヤツをからかってやろうと若い者が一計を案じた。勧められて腐った豆腐を食った若旦那。「これは酢豆腐ですね」と知ったかぶりをする。

知ったかぶりなら笑い話だが、知らずに買わされた消費者はたまらない。大手カレーチェーン店が廃棄した冷凍カツを廃棄物業者が横流しした件である。異物混入の疑いがあるとして廃棄した冷凍カツが愛知県の産廃処理業者「ダイコー」から岐阜県の製麺業者「みのりフーズ」に渡り、小売店で販売されていた。

他にもマグロやみそ、肉加工品など次々に発覚した。両者の関係は原発事故の風評被害で売れ残ったジャコの処分が発端だったと報じられる。事実なら5年前から行っていたわけで、消費者の信頼を裏切る所業だ。

ただ、廃棄された食品には賞味期限切れの物もあったと聞けば、捨てられる食べ物の多さも気にかかる。食べるに事欠く人がいることも考えると心が痛む。

「あいつは酢豆腐だ」と言えば半可通《はんかつう》を言う悪口だが、疑いもなく食した人たちには何の落ち度もない。さすがの若旦那も「酢豆腐は一口に限る」と言ったそうな。二度と起こらない策が必要だ。

（2016年1月21日）

＊忘れない誓いを

潮の香りを感じる湘南に82歳の女性をかつて訪ねた。古謝トヨ子さん。神奈川県内の病院で看護婦長を務めた後、老健施設に勤務する。柔らかな笑顔ときびきびした動作は年齢を感じさせない。

古謝さんは沖縄出身の両親の下、フィリピン・ミンダナオ島で生まれた。幸せな子ども時代は小学6年で断たれる。米軍の高射砲が撃ち込まれる中、山中を逃げまどった。

すぐ下の妹は行方不明。父は収容所で死亡。母は子どもを連れ引き揚げ船に乗ったが、富士山が見えたところで息を引き取った。浦賀港に降り立ったトヨ子さんらきょうだい4人は孤児施設に引き取られた。

日本軍が軍政を敷いたフィリピンは、日米の激しい戦闘に巻き込まれた。フィリピン人の戦死者は100万人超。51万8千人の日本人が亡くなり、沖縄県出身者は1万2千人に上った。

戦後、祖父は孫4人の引き取りを望んだ。しかし米軍占領下の沖縄の苦しい状況を知っていた古謝さんは帰郷をためらった。

「祖父は、毎日外が見える家の角に座って私たちを待っていたそうです」

古謝さんの悔悟の言葉だ。

天皇皇后両陛下がフィリピンを訪ねた。友好の旅とはいえ、その地を踏む以上、日本によってもたらされた犠牲に向き合わざるを得ない。命や家族の絆を奪った戦争。戦争被害を「許すが忘れない」というフィリピンの人々に、忘れない誓いを立てたい。

（2016年1月28日）

＊身内に甘い人たち

「身を切る」には、つらさで体を切る厳しさがある。民主党政権下の２０１２年11月。安倍晋三自民党総裁は野田佳彦首相との党首討論で、消費増税のセットとして国会議員の定数削減という「身を切る改革」を約束した。

消費税は８％になり、国民の負担は増した。一方で政治改革は一向に進まない。10％への引き上げは17年４月だが、自民党は衆院の定数削減を20年以降に先送りする。これでは「セット」と認められない。

身を切るどころか、身内に甘い体質が閣僚や所属議員の失態を生んではいないか。最たるものは口利き疑惑による甘利明前経済再生担当相の閣僚辞任だろう。育休を宣言した宮崎謙介元衆院議員の不倫スキャンダル辞任も情けない。

国が定めた除染目標の被ばく線量を「科学的根拠がない」と決め付けた丸川珠代環境相は発言撤回に追い込まれた。所管する「歯舞《はぼまい》」を読めなかった島尻安伊子沖縄・北方担当相ら、あきれる面々が続く。

国会議員は歳費約２２００万円のほか、文書通信交通滞在費１２００万円が支給される。立法事務費や公設秘書給与などを含めると１人当たり年６千万円はかかる。

己に甘いは人の常とはいえ、国会議員がこれでは恥ずかしい。国民だけに身を切らせて恥じない政治でいいのか。政治改革を詰め切れない野党も含め、国会は身を切らない人の群れに見える。

（2016年2月18日）

＊帰れぬ孟母たち

子どもの教育を考え三度住まいを替えた母を、いにしえの人は賢母とたたえ故事とした。いま、この国には子どもの健康を考え住み慣れた土地を離れる〝孟母《もうぼ》たち〟がたくさん生まれている。

東京電力福島第1原発事故の後、福島などから多くが避難した。避難指示区域からの「強制避難」はもちろんだが、政府の指定する避難地域ではないものの自主避難した人たちもいる。自主避難は福島県の推計で約7千世帯、約1万8千人。与那原町の人口、世帯数に相当する。避難指示区域からの避難者と違い、東京電力からの月額10万円の賠償はなく経済的にも厳しい。

沖縄にも多くの避難家族が住む。ある女性は被ばくを恐れ、事故直後から子ども4人と母子避難をしている。夫は福島で働き、離れ離れの生活に心も体も疲れ切っていると話す。

原発事故から5年。福島県は県内外に暮らす自主避難者の住宅無償提供を2017年3月末で打ち切る。帰還を促す狙いがあるのは分かるが、安心できる正確な情報提供と除染をしているだろうか。

事故収束のめども立たないのに、安倍晋三首相は五輪招致で「状況はコントロール下にある」と述べ、丸川珠代環境相は1ミリシーベルト以下という国が定めた除染の長期目標について、「何の根拠もない」と言い張った。政府情報の不信を解かなければ、孟母たちは帰りたくても帰れない。

（2016年3月10日）

あとがき——三正面作戦のさなかに

第24回参議院選挙が、辺野古新基地建設に反対する伊波洋一氏の勝利で終わった翌日の7月11日早朝だった。政府は東村高江《ひがしそんたかえ》に米軍オスプレイ用ヘリパッド(着陸帯)を建設するために、資機材の搬入を始めた。

そして22日、政府はヘリパッド工事を再開した。反対する市民を排除するため県道を封鎖し、全国から500人もの機動隊員や防衛局職員を高江に集めて、工事現場のフェンス前に三重に並ばせた。無表情に並んだ男たちは兵馬俑《へいばよう》を思わせた。人の感情を押し殺していた。

同じ22日に政府は、沖縄県の翁長雄志知事が取り消した辺野古の海の埋め立てをめぐって、県を提訴すると発表した。また、和解で中断した辺野古の陸上部分の工事を近く再開させることも示した。辺野古埋め立て承認を巡る県への提訴、高江ヘリパッド建設、辺野古陸上工事と、政府が三つの計画を一気に走らせることを表明したのだ。琉球新報のS記者は政府の「三方面作戦」と名付けた。

選挙が終わったとたんに沖縄に牙《きば》をむいた、政府の顔だった。

安倍政権は、沖縄の民意を聞く耳は持っていない。ひたすら、「日米合意を履行する」と述べて、米国に約束した辺野古新基地建設、オスプレイ訓練用のヘリパッドを造る。そのためには力ずくで市民を押さえ込む。

振り返れば3年前の参院選挙でも、辺野古新基地建設に反対する糸数慶子氏が大差で当選した翌日、防衛省はオスプレイ配備に反対する市民を排除して普天間飛行場のゲートにフェンスを張る工事を強行した。

投票日までは「沖縄に寄り添う」「県民の声を尊重する」と言い、選挙が終われば手のひらを返したように基地建設、米軍機配備を強行する。前日の投票で沖縄県民は、これ以上の基地負担はノーだという意思を、選挙というきわめて民主的な手法で示したというのに、だ。

またか、という既視感と、国家権力のあまりの強権ぶりに崩れ落ちそうになる。しかし、ここで膝をついてはいけない。この状況を伝えていかねばならない。

2013年4月から3年間、私は東京で過ごした。自民党が民主党から政権を奪還して4カ月目の頃からだった。安倍政権は「決められる政治」を打ち出し、民主党政権で足踏みした政治課題をすべて進めると表明した。米軍普天間飛行場の名護市辺野古の新基地建設もその一つだった。安倍政権は、歴代の自民党政権がそうであったように、沖縄問題は金と恫喝《どうかつ》で解決できると考えていた。実際、仲井真前知事が辺野古の海の埋め立てを承認したのは成功体験だったに違いない。しかし、沖縄はそこで折れなかった。

辺野古の工事現場に通じるキャンプ・シュワブでの座り込みは連日、数十人、時には数百人になった。選挙では名護市長選、知事選と辺野古新基地建設に反対する候補者が勝利した。逆に辺野古新基地建設に賛成する自公の候補者は選挙区ですべて落選させた。2016年7月の参院選で、現職の沖縄・北方担当大臣を大差で破ったのも、新基地建設反対の候補者だった。

非暴力の座り込みという手段で、選挙という民主的な手法で、おのおのが意思表示をしている。さまざまな考えを持つ県民を一つにしているのは、「もう新しい基地はいらない」という一点結束だ。

ウチナーンチュってすごいな、と心の底から感じている。

一方で、東京にいて、沖縄のことがあまりにも知られていないことに愕然《がくぜん》とした。本書に記したように、沖縄に対する誤解が根強い神話となってこの国に流布している。さらに沖縄が主張をすると、「嫌沖」というべき攻撃が押し寄せるようになった。

辺境の者は国策に黙って従えという差別的な目線を感じるのは私だけではないだろう。新聞記者として沖縄のことをもっと広く知らしめる責任を果たしていない。その反省もある。

基地問題って難しそう。軍事って私には関係ない。そう思う人は多いだろう。かつては私もそうだった。でも沖縄にいて、基地問題というフィルターを通せばさまざまなことが見えてくる。平和ってどうあるべきなのか。日本という国は民主主義を大切にしている国なのか。国民主権なのだろうか。女性への性暴力が生まれやすい構造とは何か。

「沖縄問題」でくくって、自分とは遠い世界の問題だと思っていたら、平和や民主主義や国民主権を脅かすものはすぐそばにやってくる。実際、そうじゃないですか。

私たちは平和や民主主義や国民主権を大事にして発信する「三方面作戦」を取りたい。

この本は高文研の山本邦彦さんの熱意のおかげで生まれた。純粋ウチナーンチュで、相当のんびりしている私を、ニコニコしながらも追い込んでくれた山本さんにお礼とおわびをします。そして高文研のみなさん、この本に関わってくださったすべてのみなさんに深く感謝します。

この本が、少しでも沖縄を知り、この国を知る手がかりになればこんなにうれしいことはありません。お手にとっていただいた方々に感謝の気持ちを込めて……。

２０１６年８月１日

島　洋子

島　洋子（しま・ようこ）
琉球新報社編集局政治部長兼論説委員。1967 年沖縄県美里村（現沖縄市）生まれ。1991 年琉球新報社入社。政経部、社会部、中部支社、経済部、政治部、東京支社報道部長などを経て、2016 年 4 月より政治部長。
米軍基地が沖縄経済の発展を阻害している側面を明らかにした連載「ひずみの構造－基地と沖縄経済」で、2011 年「平和・協同ジャーナリスト基金奨励賞」を受賞。

女性記者が見る 基地・沖縄

●二〇一六年 九月 一日――――第一刷発行

著　者／島　洋子

発行所／株式会社 **高文研**
東京都千代田区猿楽町二－一－八
三恵ビル（〒一〇一－〇〇六四）
電話03＝3295＝3415
http://www.koubunken.co.jp

印刷・製本／三省堂印刷株式会社

★万一、乱丁・落丁があったときは、送料当方負担でお取りかえいたします。

ISBN978-4-87498-602-8 C0036